KB092246

쉰살 아빠, 스물 아들 남미 여행법

쉰살 아빠, 스물 아들 남미 여행법

초판 인쇄 2013년 11월 24일
초판 발행 2013년 11월 29일

지 은 이 이동훈 · 이상봉

펴 낸 이 박찬익
펴 낸 곳 도서출판 박이정
주 소 서울시 동대문구 용두동 129-162
전 화 02)922-1192~3
팩 스 02)928-4683
홈페이지 www.pjbook.com
이 메 일 pijbook@naver.com
등 록 1991년 3월 12일 제1-1182호

ISBN 978-89-6292-500-5(03980)
*책 값은 뒤표지에 있습니다.

쉰살 아빠, 스물 아들 남미 여행법

이상봉 지음

꺼들리지

않고

자유롭게

박이정

Prologue 프롤로그

새로운 인생의 출발지, 인천공항에서

인생이 그렇듯 여행도 기다림의 연속이다.
지구처럼 둥근 엄마 뱃속을 나와 사랑과 이별, 성공과 쇠락을 거쳐 생의 마지막 날까지 기다림의 과정을 통해 자기만의 주제로 여행을 하게 된다. 그리고 끝이 난다.
이제 남미다. 80일짜리 새로운 주제로 새로운 삶의 막을 시작한다.
여행은 기다림의 연속이다. 그 기다림 속에 시간을 내려놓고 나를 내려 놓아야 한다. 나 자신과 마음을 터놓고 마주봐야 한다. 온 마음을 쏟는 그 시간 속에서만 완전한 자신의 소유가 된다. 여행의 고수는 안다. 그 시간은 철저히 혼자만의 것이고, 나와 공존하는 것은 나를 통해서만 의미가 생긴다. 순간순간 변할 수밖에 없는 시간의 운명 속에서 진실로 내 영혼의 속삭임에 귀 기울여야 한다. 여행은 외롭지만 그래서 여행은 더욱 풍성하다. 나만 볼 수 있고 누릴 수 있다면 말이다. 삶이 지루하고 깨달음의 욕구가 움틀 때 우린 떠난다. 인생을 아름답게 만드는 것이 최선의 소명이다. 여행을 통해 짧지만 한 생을, 한 주제를 엮는다.
나는 지금 대한민국의 지구 반대편에서 나의 새로운 삶을 시작한다.
화이팅!

Contents 차례

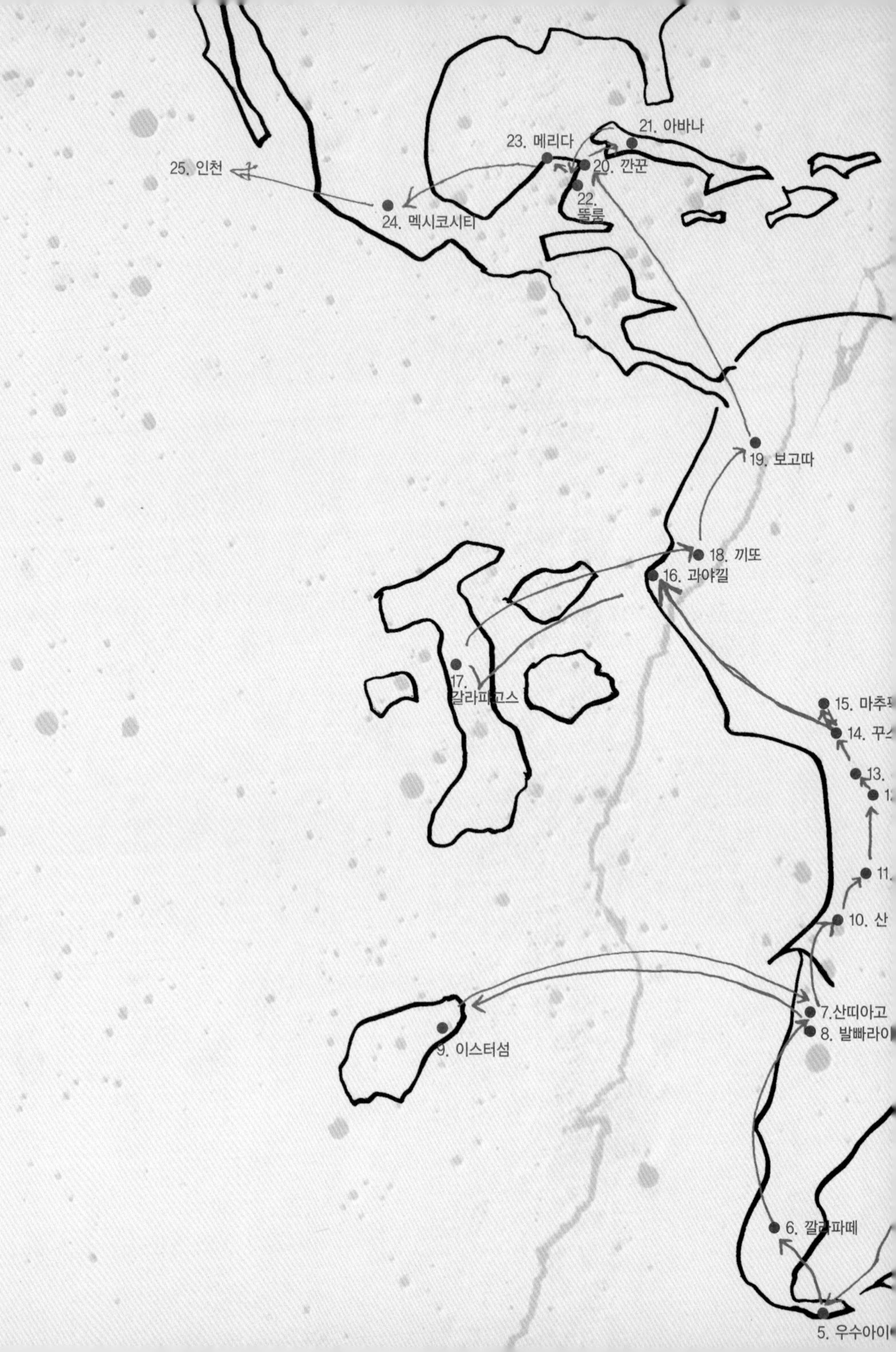

5. 우수아이
6. 깔라파떼
7.산띠아고
8. 발빠라이
9. 이스터섬
10. 산
11.
13.
14. 꾸
15. 마추
16. 과야낄
17. 갈라파고스
18. 끼또
19. 보고따
20. 깐꾼
21. 아바나
22. 뚤룸
23. 메리다
24. 멕시코시티
25. 인천

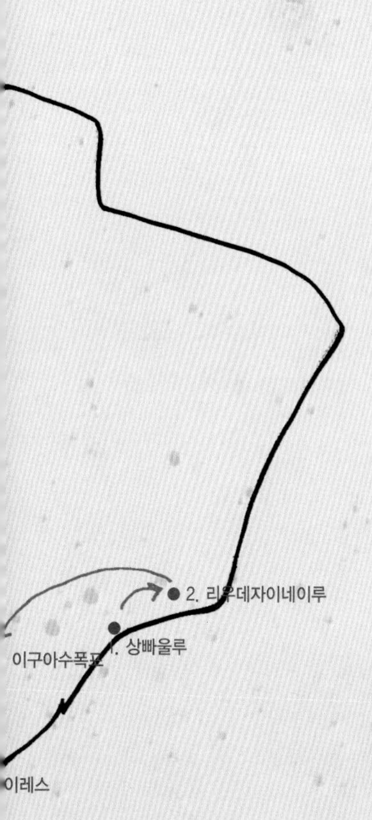

아빠가 남긴 흔적

1. 상빠울루 – 2. 리우데자네이루 – 3. 이구아수폭포
4. 부에노스아이레스 – 5. 우수아이아 – 6. 깔라파떼
7. 산띠아고 – 8. 발빠라이소 – 9. 이스터섬
10. 산 뻬드로 데 아따까마 – 11. 우유니 – 12. 라 빠스
13. 뿌노(띠띠까까 호수) – 14. 꾸스꼬 – 15. 마추픽추
16. 과야낄 – 17. 갈라파고스 – 18. 끼또 – 19. 보고따
20. 깐꾼 – 21. 아바나 – 22. 뚤룸
23. 치첸잇싸(메리다) – 24. 멕시코시티 – 25. 인천공항

상빠울루
리우데자네이루
이과수폭포

제1부

브라질

Brazil

브라질 Brazil

상빠울루의 밤은 밤새도록 술 마시고 고함지르고 돌아다니는 사람들의 세상이다. 그들이 욕망을 만들고 욕망이 그들을 만드는 것 같았다. 흑인들 특유의 낙천적 기질 탓도 있겠지만 내일이 없는 사람들처럼 보였다.

3월 15일

인종전시장, 상빠울루

독일 프랑크푸르트에서 장장 12시간을 날아 브라질 상빠울루 과룰루스 공항에 도착했다. 이른 아침 6시 13분. 흰 눈 쌓인 프랑크푸르트와는 달리, 초록의 나무들이 풍성하다. 바람도 칼바람이 아닌 초여름 훈풍이다.

하늘은 잔뜩 흐려있다. 공항버스를 타고 시내로 한참 들어가니 도로가 막히기 시작했다. 출근시간대와 겹친 모양이다. 숙소를 잡기 위해 쇼핑거리로 알려진 헤뿌블리까 광장에 내렸다.

목도 마르고 배도 고파서 브라질에서 유명하다는 생과일 쥬스를 사 먹었다. 음! 이 맛이 태양의 맛이라고? 배가 아직 덜 고픈 모양이다.

광장을 가로 질러 가는데 노숙자들이 보인다. 한때 중공업을 육성하여 경제성장을 이룩하기도 했지만 군부독재와 극심한 인플레이션으로 이제는 어려운 경제와 세계최고 채무국이 된 현실이 와 닿았다. 갑작스런 폭설로 프랑크푸르트 공항 시멘트 바닥에서 하룻밤을 지새고 무려 60시간 만에 처음

누워보는지라 안락한 호텔방을 잡았다.

상빠울루는 인구 1천만의 남미 최대 근대 도시다. 도로는 넓고 대부분의 건물들은 웅장한 포르투갈 양식이다. 포르투갈의 식민지였던지라 인종은 백인들이 50%가 좀 넘고 나머지는 혼혈인과 흑인으로 구성되어있다. 하지만 거리에는 백인들은 거의 보이지않고 검은 피부의 혼혈인들이 많았다.

브라질은 할아버지는 이탈리아인, 할머니는 스페인이며 어머니는 인디오의 후손이라는 식의 표현이 있다. 그래서 가끔씩 머리는 금발인데다 얼굴색이 흑인인 사람도 눈에 띈다. 마치 인종의 전시장 같은 느낌이다. 여행자들에게는 범죄의 도시요, 기피의 도시로 알려져 있지만 여러 인종이 만들어내는 독특한 분위기는 브라질에서만 볼 수 있는 매력이다.

상빠울루 시내를 둘러 보기 위해 먼저 지하철을 타고 리베르다지역으로 갔다. 동양인 거리를 보기 위해서다. 둥근 등이 여러 개 달린 긴 ㄱ자형의 붉은 가로등이 길을 따라 쭉 늘어서 있다. 다소 중국스럽고 촌스러웠다. 거리는 많은 노점상과 도로에 주차한 차와 지나가는 사람들로 북적였다. 브라질에 일본 이민자가 가장 많아서인지 일본 식당이 눈에 많이 띄었고, 중국식당과 한국식당도 볼 수 있었다. 태극마크가 선명한 한국관에서 김치찌개로 속을 달랬다.

동양인 거리 북쪽으로 10분정도 걸었다. 뾰족한 철탑이 눈에 들어온다. 대성당이다. 40년 동안 지어 1945년에 완공되었다. 대성당은 상빠울루 0번지로 거리의 시작점 역할을 한다. 성당 앞 넓은 쎄광장에는 사람들로 꽉차 있다. 구두닦이들이 모여 있고 거리 악사들이 삼바음악을 연주하고 있다.

CORREIO

평일인데도 거리는 음악소리와 인파들로 북새통이다.

초현대식 고층건물들과 100년이 넘은 듯 낡은 건물들이 늘어선 11월 15일 거리를 인파와 함께 걸었다. 양복 입은 사람들도 보이고 히피족과 노숙자도 보인다.

청색 창문틀을 한 예쁜 빠드레 안시에따 박물관이 보여 들어갔다. 오래된 유적을 외벽으로 잘 꾸민 야외 카페에서 잠시 쉬기로 했다. 인구비율은 백인이 50% 넘는데 평소 거리를 다닐 때나 지하철에서 흑인들만 보일까 궁금했었다. 속된말로 부티나는 백인들은 여기다 모여 있는 것 같았다. 대부분의 혼혈인과 흑인들은 그냥 거리를 쏘다니거나 야외 선술집에서 술을 마신다. 삼바 무도장에서 빼곡히 모여 그들의 열정을 쏟아내고 있다. 상빠울루의 밤은 밤새도록 술 마시고 고함지르고 돌아다니는 사람들의 세상이다.

그들이 욕망을 만들고 욕망이 그들을 만드는 것 같았다. 흑인들 특유의 낙천적 기질 탓도 있겠지만 내일이 없는 사람들처럼 보였다. 둥근 시계탑의 상 벤뚜 성당과 상빠울루에서 가장 높은 알찌노 아린찌쓰 빌딩, 붉그스레한 마르찌넬리 빌딩에서 헤뿌블리까 광장까지 이어진 뻥 뚫린 길은 밤이 되면 열정과 광란을 쏟아낸다. 시끄러워서 잠을 잘 수가 없다. 무질서는 절망의 징후가 아니라 에너지와 희망의 징후다. 삼바 축제 때 입는 의상을 위해 일년 동안 번 돈을 한꺼번에 쓰는 사람들이 아닌가? 브라질 사람들에게 금보다 더 좋은 게 뭐냐고 물으면 주저 없이 지금이라고 말할 것 같다.

3월 16일

상빠울루에서 리우로 가는 버스 안에서

당신은 화장실이 있는 버스를 타 보셨나요?

버스에서 오줌도 싸 봤나요?

버스에서 똥도 싸 봤나요?

물론 잠이야 자 봤겠지요.

흔들리는 버스 안에서 변기에 조준하는 건 참 어렵답니다.

행여 옆에 튀기라도 하면 곤란하지요.

버스에서 제대로 볼일 보는 건 사는 것 만큼이나 힘이 들지요.

버스랑 나랑 같이 흔들리면 되는데 말이죠.

LEONARDO DE AGUIAR

3월 17일

리우데 자네이루에서 홀로 맞는 새벽

살면서 듣게 될까. 언젠가는 바람의 노래를…
세월가면 그때는 알게 될까. 꽃이 지는 이유를…
나를 떠난 사람들과 만나게 될 또 다른 사람들…
스쳐가는 인연과 그리움은 어느 곳으로 가는가…

리우데자네이루에 새벽비가 내린다. 게스트하우스 마당에서 어둠과 밝음 사이에 앉아있다. 새소리도 들린다. 조용필의 바람의 노래를 듣는다.

어제 팬티 바람으로 뛰어 들었던 대서양 꼬빠까바나 해변이 생각난다.

우리나라 마이산 같은 느낌! 육지가 아니라 바다에 돌기둥처럼 우뚝 솟아 있다. 396m의 빵 지 아수까르 바위산을 시작으로 돌산들이 펼쳐져 마치 호수같이 아늑한 느낌이다. 흰색의 고운 모래는 넓게 펴져 있다. 딱 봐도 명품 해수욕장이다.

넓은 해변에 앉아 바다를 바라보면 일렁이는 연두색 푸른 바다가 내 가슴으로 쑥 들어온다. 사랑하는 이를 안기 위해 팔을 벌린 듯한 해안선은 나를 포근하게 안아주는 느낌이다.

꼬빠까바나 해변에서 서쪽으로 20분 정도 걸어서 이빠네마 해변으로 갔다. 일직선의 해변 끝자락에 쌍봉돌산이 떡하니 버티고 있다. 꼬빠까바나에 비해 사람도 건물들도 상가도 고급스럽다. 루이비통 명품가게도 있다. 완전 유럽 스타일이다. 브라질스럽지가 않다. 세계 3대 미항 휴양지답게 물가도 비싸다. 날씨가 우리나라 여름보다 시원하고, 봄보다 따듯하다. 웃통 벗고 알몸으로 활보해도 춥지도 덥지도 않다. 그냥 내 몸이 바람같이 가볍다.

거침없는 자유가 이런 건가.

이대로 살았으면 좋겠다.

3월 18일

200년 수도의 영광이

아침 일찍 길을 나섰다. 꼬르꼬바두 언덕에 있는 예수상을 보기 위해서다.

한참을 기다리다 버스를 타고 시내 중심가를 지나 입구에 도착했다. 비가 오락가락해서 안전상 이유로 정상까지 올라가는 트램이 운행되지 않았다. 어쩔 수 없이 미니버스를 탔다. 정상 못 미쳐 중턱에 내렸다. 리우데자네이루가 한눈에 들어온다.

우뚝 솟은 바위산과 해안을 따라 형성된 항구도시는 그야말로 예술이다. 한 컷의 작품이다.

고개를 들어 꼬르꼬바두 정상의 예수상을 보니 구름에 가려있다. 십자가 모양으로 팔을 벌리고 있는 예수상은 흘러가는 구름에 언뜻언뜻 보인다. 신비롭다. 하늘에서 예수님이 강림하는 듯하다. 선정 과정에서 논란이 있었다지만 신세계 7대 불가사의 건축물이다. 꼬르꼬바두 언덕의 예수상은 인증 샷 관광 같은 건 싫어하는 나도 감동스럽다. 1931년 만들어져 브라질 발견 500주년을 기념하여 대대적인 수리를 하여 현재의 모습이란다. 참 어이가 없다. 포르투갈의 브라질 발견이라는 말도 우습지만 식민지였던 것이 무슨 자랑거리라고… 우리나라는 일본하면 잡아먹어도 시원찮은데 남미는 별 적대감이 없다. 아프리카 케냐에 갔을 때도 영국의 식민지였지만 오히려 고마워한다. 원주민을 쫓아내고 세운 식민지와 5천 년 역사의 글과 문화가 있는 나라를 식민지화 한 것은 다르지만 지난 과거를 맘 편히 공유할 수 있다는 건 부러운 일이다.

버스를 타고 시내를 향했다. 1909년 문을 연 시립극장을 보기 위해서다. 1~2백년 전 유럽으로 시간 이동을 한 느낌이라고 알려져 있지만 내 눈에는 현재의 리우와는 어울리지 않았다. 맞은편에 국립 미술관도 있다. 1960년 브라질리아로 수도를 옮기기 전 약 200년 동안 수도였지만 센뜨루 시내의 건물들은 관리가 되지 않아 지저분하고 현재의 브라질을 보는 것 같았다. 시립극장이 월요일은 입장이 불가능 하다고 하여 메뜨로뽈리따나 대성당으로 걸어갔다. 천정부터 바닥까지 4면을 가득 채운 스테인글라스가 인상적이었다.

비가 흩뿌렸다. 복잡하고 너저분한 시내를 벗어나고 싶었다. 아쉬워서 다시 꼬빠까바나 해변에서 이빠네마 해변을 끼고 걸었다. 비와 바람으로 해변은 주말인데도 한산했다.

리우데자네이루에 밤이 찾아왔다. 리우의 밤은 감정을 토해내는 시끄러운 상파울루의 밤과 달랐다. 조용하고 평화롭다. 오히려 게스트하우스의 밤

이 요란하다. 여기저기 술판이 벌어졌다. 여행은 자신의 그늘진 부분과의 만남이다. 술자리를 통해 여행자들만의 동질감을 느끼고 자기만의 방식으로 위안을 받는다. 술기운으로 밤을 지새운 젊은 날이 생각났다. 이유도 모르고 힘겨웠고, 이유 없이 두려웠던 끝없는 방황의 시간들을 이곳에서 다시 보는 기분이었다. 가만히 들여다보면 세월도 가는 게 아니라 돌고 도는 것 같다. 계절의 반복처럼 되풀이 되는 것이다. 마치 누군가의 목적지가 다른 누군가의 출발지인 것처럼 대칭과 교차의 공간에서 여행자들은 하나가 된다. 새로운 추억을 갈망하는 이들과 이미 많은 추억을 가진 이들은 마음을 공유한다. 우린 함께 나눌 때 삶이 넓어지고 풍요로워진다.

이빠네마의 밤이여! 영원하라.

3월 19일

빵 지 아수까르에서 바라본 리우 항구

오전은 쌓인 피로도 풀겸 게스트하우스 정원에서 비비적거렸다. 우기라 하늘은 흐렸고, 바람은 가벼웠다. 좀 쉬고 싶었다. 여행에서 보고 들은 것들을 내 것으로 만드는 시간이 필요했다. 일종의 재충전의 시간. 술렁거리던 게스트하우스가 조용해지고 고독은 자유가 된다. 그렇게 한참을 보냈다.

전날 슈퍼마켓에서 사온 브라질산 컵라면을 먹고 버스를 탔다. 식물원을 가기 위해서다. 1808년 포르투갈 왕이 만든 왕실의 정원이다. 800여 종의 나무와 식물들 중에 왕중왕은 제왕야자나무다. 하늘을 뚫을 것 같은 곧고 긴 나무로 가로수길을 만들어 놓았다. 30m가 넘는 야자나무 288그루가 쭉 늘어서 있는 모습은 볼만하다. 고개를 들어 나무 끝을 올려 보았다. 너무 높아 회색빛 하늘에 있는 야자나무 잎이 하늘 호수에 떠 있는 꽃잎처럼 보였다.

나오는 길에 식물원 야외 카페에서 에스프레소를 마셨다. 내가 보기엔 브라질의 살탕 맛은 최고다. 은근히 달면서 부드럽다. 사탕수수를 재배하는 나라라 다른 것 같다. 서빙과 부엌일을 하는 사람은 모두 흑인여자들이다. 검은 피부에 연두색 모자와 앞치마를 입은 뚱뚱한 모습은 미국 남북전쟁을 배경으로 한 영화에서 많이 본 모습이다. 브라질은 백인과 흑인의 혼혈수가 백인보다 적지만 일반 문화는 흑인 문화가 지배적이다. 음식뿐만 아니라 삼바음악과 춤, 밤 문화는 낙천적이고 열정적인 흑인 문화의 영향이라 볼 수 있다.

어렵게 버스를 두 번 갈아타고 리우의 명성을 대표하는 빵 지 아수까르에 도착했다. 높이 솟아오른 꼭대기란 뜻으로 정상이 396m인 바다산이 바게트빵 모양으로 우뚝 솟아있다. 검은색 바위가 뿜어내는 기가 신비로웠다. 케이블카를 타고 높이 212m의 우르까 언덕을 거쳐 정상에 도착했다. 꼬빠까바나와 이빠네마 해변, 꼬르꼬바두 언덕의 예수상, 센뜨루 시내의 고층빌딩, 갈레엉 국제공항, 메뜨로뽈리따나 대성당이 보인다. 리우데자네이루 전체가 한눈에 들어온다. 왜 세계 3대 미항인지 알 것 같다.

아득한 발아래 흰 파도가 넘실댄다. 하늘에서 본 세상은 저만치에 있다. 멀리서 보면 뭐든 좋아 보이고 아름다워 보이는 법. 행복하게 살고 싶다면 사람과 세상을 멀리서 봐야 한다. 하지만 인간은 좋아서 사랑하다 보면 점점 가까워지고 깊어진다.

깊어지면 디테일하게 보인다. 그래서 상처 주게 되고 그 상처가 결국 내 것이 된다. 그래서 우리는 내려 놓고 싶을 때, 멀리 보고 싶을 때 여행을 떠난다. 하지만 여행도 하다보면 결국 일상처럼 반복이다. 조금은 색다른 반복!

영원히 나를 놓아 버릴 수 있는 여행은 없는 것일까?

3월 23일

악마의 목구멍에 피어나는 무지개

아득한 수평선… 처음엔 파아란 하늘과 물은 하나였다.

하늘은 흰 구름 띄워놓고 잠이 들어 버렸다.

갈색빛 탁류는 정글 속에서 뱀처럼 기어 나와 춤을 추듯 밀려 온다.

우르르르 꽝꽝! 내 시야에서 일제히 떨어진다. 세상이 꺼지듯 후욱 빨려 들어간다. 일순간 세상은 폭포만이 존재한다.

물보라가 하늘을 향해 치솟는다.

악마의 목구멍에서 피처럼 무지개가 하늘로 솟아 오른다.

빨주노초파남보 일곱 색깔 무지개가 피어 오른다.

악마의 목구멍은 쉼 없이 블랙홀처럼 물을 빨아 들인다.

나도 빨려 들어간다.

나도 떨어지는 폭포가 된다.

하늘이 스틸사진처럼 멈춰져 있다.

하늘마저 흘러갈 순 없지 않는가?

나는 멍하니 멈춰 서서 하염없이 하늘을 본다.

3월 24일

이구아수 폭포를 다시 만나다

다음날 다시 브라질에 있는 포스 두 이구아수 폭포를 보러갔다.

아르헨티나에서 보는 맛과 다르기 때문이다. 아르헨티나 뿌에르또 이구아수 폭포는 가까이에서 체험하고 즐길 수 있는 게 장점이다. 낮은 산책로와 높은 산책로를 따라가면 크고 작은 폭포가 튀어나오고 악마의 목구멍도 바로 옆에서 볼 수 있다. 금새 폭포에서 번지는 물보라로 몸이 흠뻑 젖어버린다. 거대한 폭포 옆에서 물세례를 맞고 아니면 강으로 내려가 보트를 타고 급류를 역류해서 폭포 가까이 거슬러 올라가서, 폭포 속으로 들어가는 공포를 맛 볼 수 있다.

그런데 이곳 브라질 쪽 이구아수 폭포도 입이 벌어지기는 마찬가지다.

전체 길이가 장장 4km나 되는 폭포는 사방팔방에서 쏟아내는 물과 폭포 소리로 인디언 말처럼 "물이다! 아!"이다. '이구(Igu)'는 물이란 뜻이고, '아수(Azu)'는 아! 라는 감탄사란다. 우리가 뭔가를 보고 형언한다는 건 어쩜 감동을 덜 먹은 거다. 이성이 작동한다는 말이다. 정말로 제대로 한방 먹으면 '아!' 소리도 안 나온다. 여행을 하다보면 나도 모르게 혼자 하는 말이 있다.

'자연은 위대하고 나는 초라하다.'

뿌에르또, 포스 두 이구아수 앞에서 초라하지 않을 분은 하느님 빼고는 없을 것 같다.

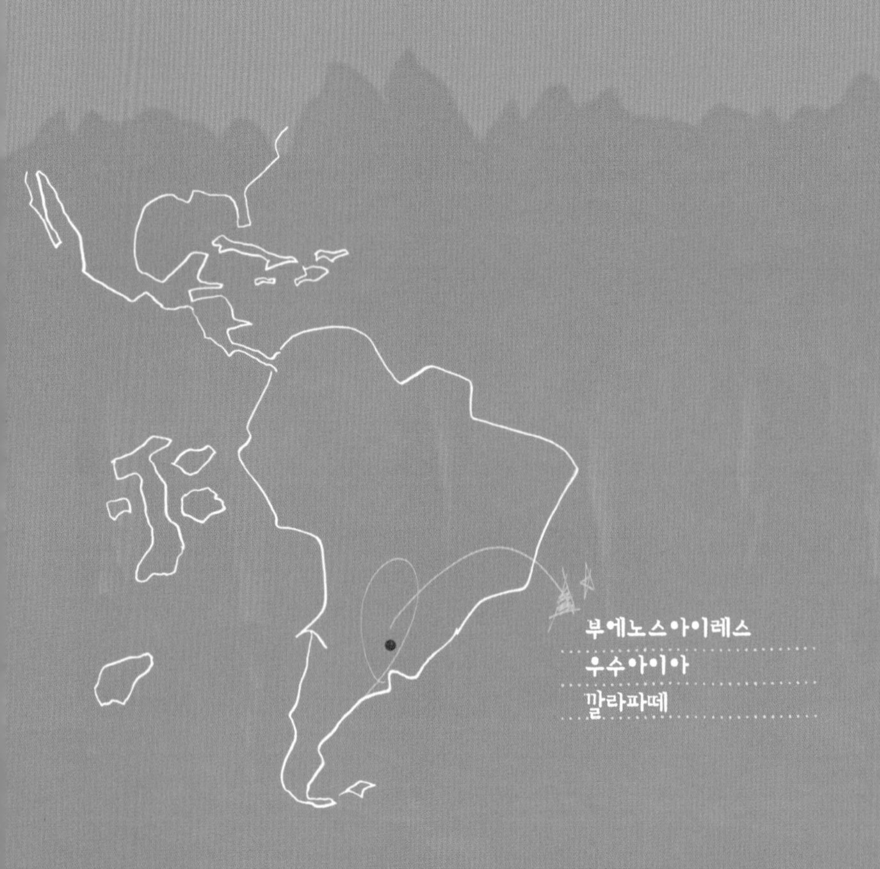
부에노스아이레스
우수아이아
깔라파떼

제2부
아르헨티나
Argentina

아르헨티나 Argentina

좀 편하고 시간을 절약하는 것 보다는 마을과 마을, 강과 언덕, 한가로이 풀 뜯어 먹는 소떼들, 곱디고운 남미의 파란 하늘을 내 가슴에 물들이고 싶을 뿐이다. 벌써 아침이 밝았다.

3월 25일

여행자의 시간과 돈은 다르다

리우데자네이루에서 브라질 이구아수 폭포까지 버스로 20시간, 요금은 10만 원, 비행기로는 2시간, 요금은 35만 원이다. 아르헨티나 이구아수 폭포에서 부에노스아이레스까지 버스 18시간, 요금은 10만 원, 비행기는 2시간, 요금은 25만 원이다. 선택은 여행자의 몫이다. 돈으로 시간과 편안함을 살 것인가? 아니면 돈을 절약하는 대신 시간과 장시간 불편함을 감수할 것인가? 그런데, 비즈니스나 단체여행객이 아니고 자유로운 배낭여행자라면 대부분 후자를 택할 것이다. 왜냐하면 여행을 한다는 것은 시간을 자기 자신이 지배하는 것이기 때문이다. 여행자의 시간은 일과 시간에 쫓기는 일반사람과 분명 다르기 때문이다. 물론, 패키지 단체여행객도 정해진 일정을 소화해야 하기 때문에 자기가 오롯이 시간을 지배하기가 쉽지 않다.

하지만 여행의 백미는 낮과 밤의 변화와 스치는 풍경에 자신을 맡겨 두고 긴 시간 자기 속에 푹 빠져 보는 것 아닐까?

버스에서 바라보는 풍경은 똑같은 순간이란 없다. 풍경이 비슷해도 시간대가 달라지면 분위기는 영 딴판이다. 지나는 장소마다 새로운 풍경을 주고 새로운 시간을 준다. 밤이 되면 별 총총 달님도 따라오고, 새벽이 오면 옅은 파란 하늘에 분홍색 구름이 붉은 태양에 물들면 하늘빛은 신비롭다. 지평선 끝닿은 그 곳은 가도 가도 늘 그만큼 거리. 잃어버린 자신이 소리치고, 인생이 엿보이기 시작한다. 시베리아 횡단열차를 타면 인생관이 바뀐다는 말이 있다. 이르쿠츠크역에서 모스크바 다음역인 상트페테르부크까지 4박5일 동안 혼자서 기차를 탔던 생각이 났다. 100시간이 넘도록 가다보면 덜컹거리는 열차는 어느새 침대가 되고, 끝도 없이 이어지는 자작나무는 자신이 되고, 흐르는 구름은 내 꿈이 된다. 브라질과 아르헨티나를 지나는 길을 비행기에서 갇히고 싶지 않았다. 좀 편하고 시간을 절약하는 것 보다는 마을과 마을, 강과 언덕, 한가로이 풀 뜯어 먹는 소떼들, 곱디고운 남미의 파란 하늘을 내 가슴에 물들이고 싶을 뿐이다. 벌써 아침이 밝았다. 몸이 뒤틀리고 춥고 힘겨웠던 밤도 어느새 지난밤이 되었다. 물안개 피어나는 강가를 지나면 태양은 열을 내기 시작한다. 남미 땅 참 넓다. 지구별도 참 크다.

Argentina

3월 25일

부에노스 아이레스에서

연연하지 않기, 버리기, 꺼들리지 않고 자유롭기, 이번 남미여행의 컨셉이다. 스페인풍의 오래된 낡은 건물에 묵으면서 남미의 유럽을 꿈꾸어 보았다. 우리나라 아파트 천장보다 한 배 반은 족히 높은 방에 누워서 왜소해지는 나 자신도 보았다. 5월 광장이 이어지는 메인거리라 5일 동안 있는 내내 시끄러운 차 소리와 매연에 밤낮으로 찌들었다. 부에노스아이레스가 좋은 공기란 뜻이라던데, 영 이름과 딴판이다. 관광책자에 소개한 곳은 거의 가 보았다. 젊음과 쇼핑의 플로리다 거리도 여러 번 걸었다. 하지만 나는 부에노스아이레스의 번잡함과 불편함에 점점 지쳐갔다. 처음 부에노스아이레스에 도착했을 때가 생각났다. 거리는 남미의 파리다웠다. 오가는 사람들은 거의 백인들이었고, 스페인과 이탈리아계 이민자 스타일로 멋져 보였다. 벽에는 원색의 낙서들이 그려져 있고, 여기저기 벽보들이 어지럽게 붙어 있었다. 쓰레기가 거리에 나 뒹굴고, 하늘은 파랗고, 태양은 강렬했다. 남미 특

유의 짙은 분위기가 베어 나왔다. 애써 감춰도 남미 땅의 에너지가 오가는 사람들의 얼굴에서 묻어나왔다. 5월 광장 앞 도로, 주말이라 차량은 완전히 통제가 된 상태였다. 찢어질 듯한 북소리가 들리고, 사람들이 모이기 시작한다. 처음엔 춤꾼들이 단조로운 비트 음악에 맞춰 신나게 춤을 추었다. 그 다음엔 붉은 옷을 입은 어린이 악단들이 나오고, 우리나라 살풀이 같이 흰 옷을 입은 여자들이 동작에 맞춰 춤을 춘다. 이미 5월 대로는 이들로 꽉 찼고, 인도도 군중들로 메워졌다. 이게 끝인가 싶더니 아르헨티나 국기와 체게바라 얼굴과 각양각색의 깃발, 대나무에 꽂아 높이 메단 인형들을 든 행렬들이 계속 밀려들고 있었다. 데모였다. 음악에 맞춰 춤추고 노래하고 관중들은 박수치고 우리나라 데모나 촛불시위와는 달랐다. 얼핏 보면 축제 한마당이다. 나도 처음엔 부활절같은 페스티벌인 줄 알았다. 오벨리스크가 있는 7월 9일 대로 방향으로 데모 행렬을 거슬러 올라가 보았다. 세계에서 가장 넓다는 144m의 도로에도 데모 행렬로 가득 찼다. 하늘엔 헬기가 떠있다. 이거 난리 난 거 아닌가? 하지만 대로 옆 카페엔 사람들이 한가로이 커피랑 맥주를 마신다. 한인에게 물었다. 이게 이들의 일상이란다. 헉! 우리같으면 정권이 바뀌어야 하는 분위기다.

부에노스아이레스의 볼거리는 브라질 상빠울루나 칠레의 산띠아고에 비해서 정말 많다. 1863년 이탈리아 건축가가 유럽의 자재를 이용하여 그레코로만 양식으로 지어진 국회의사당과 세계 3대 오페라 극장 꼴론, 남미 해방의 아버지로 추앙받는 산마르띤 장군의 유해가 있는 대성당, 5월 광장을 마주하는 발코니에서 10만 군중을 맞이했던 빼론 대통령과 에비타가 살았

던 대통령궁 까사 로사다, 산마르띤 광장을 비롯해서 곳곳에 유서 깊은 공원들과 힘에 뻗힌 나무들. 부에노스아이레스는 남미 최고 볼거리와 깊이를 담아 내기에 충분하다.

하지만 자세히 보면 건물 벽은 허물어져 있고 무질서는 사람을 힘들게 한다. 하루가 가고, 또 하루가 가면 부에노스아이레스의 피곤함이 처음에는 머리를 아프게 하고, 그 다음은 가슴을 아프게 한다. 너무나 다양한 색채와 쉬 소화하기 힘든 열정은 끝내 폭발하여 병들게 한다. 부에노스아이레스여! 이제 나 떠나면 안 될까?

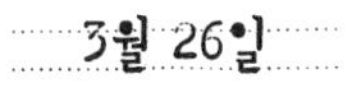

땅고

내가 너를 안고 돈다.
너도 나를 안고 돌려무나.
강렬한 눈빛은 쇠사슬이 되고, 절제된 욕망은
이미, 너의 몸짓에 노예가 되었다.
흐느끼듯 울부짖는 반도네온 연주가
끊어질 듯 이어지다,
격정적으로 몰아치는 숨 가쁜 몸놀림에
나는 나를 버렸다.
빠른 발놀림, 회전 그리고
당신의 숨결 마져도 들이마시는 저 표정.
오늘밤!
누군가가 나를 잊게 해준다면
누군가가 나를 사랑에 빠지게 해준다면
그건, 바로 땅고!

EVITA

3월 27일

에비타여!
아르헨티나를 위해
통곡하라!

에비타의 무덤이 있는 레꼴레타 묘지로 갔다.

"납골당은 몇 사람이든 들어갈 수 있을 정도로 크다. 죽은 사람들이 있는 집. 그리고 또 집. 천사와 인물과 그리스도 마리아 조각이 그 집들을 꾸미고 있다. 조그만 교회가 딸려있는 묘도. 전면이 유리에 자동문이 있는 납골당을 겸비한 묘도 있었다. 그 안에는 아름다운 관이 층층이 놓여 있었다. 안에 계단이 있어 지하로 내려갈 수 있는 묘도 있었다. 에비타의 묘는 지금도 끊임없이 사람들이 찾아오는 터라 싱그럽고 예쁜 꽃들로 풍성하게 꾸며져 있었지만 마치 미술관처럼 호화로운 묘지 전체에 비하면 그 다지 인상깊은 편은 아니었다. 고요한 오후의 빛. 정적에 묻힌 죽은 자들의 집"

요시모토 바나나의 불륜과 남미에 묘사된 글이다. 이보다 더는 이 납골당 분위기를 표현할 수 없기에 글을 옮겨봤다. 뮤지컬 에비타의 주제가로 우리들에게 너무도 잘 알려진 노래, Don't cry for me Argentina! 가 떠올랐다.

사생아로 태어나서 배우로 살다가 뻬론 대령의 두 번째 부인이 되면서 영부인이 된 그녀. 저소득층과 여성들에게 인기를 모았지만 33세의 젊은 나이로 암으로 사망했다. 뻬론 집안의 반대로 가족납골당에는 묻히지 못하고 이곳 레꼴레타 묘지에 안장되었다. 그런데 이곳에 묻히려면 우리 돈으로 5억원 정도가 든단다. 역대 대통령, 독립영웅들, 작가와 과학자, 아르헨티나의 주요 인사들이 묻혀 있는 곳이다. 역사가 늘 그렇지만 아이러니가 아닌가? 빈부격차 문제를 해소하고 노동자 계급과 저소득층의 권익을 대변했던 그녀가 죽어서 호화묘지에 묻혀 있다니 말이다. 한때 세계경제 5위. 아르헨티나 드림을 만들고 남미의 유럽이라는 자존심은 어디로 갔는가? 사회주의 정책 추진으로 쿠데타가 발생하고, 90년대 극도의 인플레이션으로 고정환율제를 실시하였고, 경제는 파탄이 났다. 2002년 대외채무를 갚을 수 없다고 디폴트를 선언했다. 포퓰리즘의 폐해는 시내 플로리다 거리의 도로만큼 망가진 상태고, 아무리 보수공사를 해도 이미 망가진 도로를 깨끗이 보수하기란 역부족으로 보인다. 회생불능의 아르헨티나 경제를 보는 것 같다. 우리나라 명동같은 폴로리다 거리를 가면 깜비오! 깜비오! 라고 외국인을 상대로 환율장사를 하고 있다. 은행공식 환율은 1달러에 아르헨티나 페소 5, 즉 1:5다. 근데 이들이 제안하는 건 1:8이다. 덕분에 가지고 있던 달러를 바꾸어서 여행경비를 톡톡히 벌었다. 부채 못 갚겠다 선언하고 비행기 독점권 가지고 외국인들에게 폭리를 취하면 뭐하냐고. 환율로 다 까먹고, 데모는 축제인데 나라 신용은 사망선고니 무덤에서 에비타가 깨어나 지금 아르헨티나를 위해 통곡해야 할 것 같다. 1997년 우리나라 IMF 외환위기 때 온

국민이 금 모으기에 동참하고 국가신용을 지키고, 다시 세계경제에 우뚝 선 대한민국이 한없이 자랑스럽다. 세계의 여행객들 속에서 코리아는 자부심이다. 누구처럼 원주민 쫓아내고 땅을 빼앗기를 했어, 노동력과 자원을 수탈하기를 했나? 없는 자원에 피땀 흘려 이룩한 나라가 아닌가? 날로 먹으려 하지마라. 꽁짜는 없다. 독재로부터의 자유 쟁취와 경제성장이 얼마나 힘든 곡예인지를 아르헨티나는 잘 보여주고 있다. 라틴아메리카의 역사를 보면 식민지배와 독립 쟁취, 군부독재와 경제성장, 민주주의와 빈부해소, 포퓰리즘과 경제파탄. 브라질이 그랬고 아르헨티나도 그렇다.

에비타여! 당신이 바라던 아르헨티나가 지금의 모습은 아니겠지요?

HAVANNA
CAMINITO

QUISO DE LENTEJAS
A LA "ESPAÑOLET"
$ 35=
SHOW DE TANGO
CLUB ZARATE
CAFE-RICADAS-PARRILLA
PARRILLADA
"COMPLETA"!!! $178
P/2-PERS=
T. ASADO C/PAPAS FRITAS $58=
PIZZA GRANDE CASERA
CLUB ZARATE SHOW DE TANGO

3월 28일

땅고의 탄생지 라 보까 항구

오후의 따사로운 햇살을 받으며 라 보까 항구로 갔다. 거리는 잘 꾸며진 영화 세트장 같았다. 선원들의 힘든 생활을 그대로 보여 주는 듯 배에 사용하다 남은 양철판자와 페인트를 집에다가 덧칠을 해 놓았다. 알록달록한 원색의 집들은 그 자체 질감만으로도 팍팍한 그들의 삶과 솔직함이 엿보인다. 라 보까의 심장이라 일컬어지는 까미니또 거리는 야외 화랑같이 그림도 그리고 판매도 한다. 사람들은 동네 마실 다니듯 항구의 햇살 속에 속살들을 말리고 다녔다. 긴장은 풀리고 거리는 추억의 놀이터가 되었다. 100m 남짓 되어 보이는 이 거리는 베니또 낀께라 마르띤 화가에 의해 지금의 분위기가 만들어지기 시작했다. 이곳의 부두와 선박, 선원들을 그려서 유명해졌는데 그가 없었다면 지금의 라 보까의 명성은 없었을 것이다. 거리는 땅고의 원류답게 라이브 음악이 흘러 나오고, 남녀 무용수들이 고객을 대상으로 춤을 춘다. 춤도 같이 추기도 하고 사진포즈도 취해 준다. 19세기 말 이곳에

는 유럽의 이민자들이 꿈과 희망을 찾아 몰려들기 시작했다. 유럽계 자본과 함께 스페인과 이탈리아 중심으로 유럽이민자들이 라 보까 항구로 유입된다. 이곳은 가난한 부두노동자와 선원들로 넘쳐나고 고향에 대한 향수와 애환들이 선술집에서 피어난다. 우리나라 부산 항구나 목포 항구같이 거친 바다 사나이들이 품어 내는 뜨끈한 정들이 밤이 되면 술과 음악과 땅고로 젖었다. 300만 명씩이나 유입되었으니, 자연히 여자들은 부족하고 여자를 서로 차지하기 위해 춤으로 자신을 어필하고 춤 겨루기도 했다. 땅고의 낭만

은 솔직하다 못해 처절한 몸부림이었으리라. 얼마나 절실한 몸짓이었을까? 클럽에서 이쁘게 보이거나 흥에 겨워 추는 춤보단 훨씬 강렬하고 생존적이다. 땅고를 보면 잠자던 사나이 욕망이 살아나고 춤도 추고 싶어진다. 몸이 이끄는 대로, 감정이 가는 대로, 나를 놓아 주고 싶다. 땅고의 본능적 몸짓에 진실하고 싶다.

3월 29일

세상의 끝
우수아이아

세상의 끝에 섰다. 언젠가는 서야 할 인생의 끝자락처럼.

울고 싶었다. 우수아이아는 지구의 물리적 거리의 끝이라면 나는 내 삶의 끝에 와 있었다. 더 이상 가지 못하는 세상 끝에 멈춰서야 하듯, 언젠가 나도 생을 마감해야 할 순간이 올 것이다.

많이 아팠다. 몸은 2박 3일 잠으로도 해결이 안 된다. 마음은 지나온 반평생의 지혜를 모아도 송두리째 흔들린다.

슬펐다. 앞만 보고 달려 온 세월과 최선 앞에 버렸던 진실들이 안타까웠다.

이제 어디로 가야하나? 어떻게 더 나아 가야 하나?

세상의 끝.

내 마음의 끝에서 나는 내 발바닥 속으로 내가 사라져버렸다.

MORENO

3월 31일

파타고니아의
찬 바람과 빙하가 만든 땅
깔라파떼

우수아이아에서 아픈 게 낫질 않아 깔라파떼에서 꼼짝 못하고 7일은 더 누워 있었다. 아니, 죽어 있었다. 아르헨티나 병원에서 맞은 주사로 밤새 전기고문 당하듯 바들바들 떨었다. 흰 천에 덮여 들것에 실린 나도 보았다. 이제 죽어도 괜찮겠다는 생각이 들었다.

그런 생각이 들고부터 몸이 조금씩 회복되기 시작했다. 후지 일식집 한국 아줌마의 도움으로 죽도 먹고 라면도 먹고 한국 드라마 '신사의 품격'에 숨통을 맡겼다.

빙하가 만든 땅 깔라파떼! 거대한 베리또 모레노 빙하가 녹아 강물을 만들고 호수를 만들어 마을이 된 곳. 사람은 자연을 닮고 자연은 사람을 닮아가는 법. 깔라파떼 사람은 차갑다. 한낮에 잠깐 비춰주는 햇살이 없다면 사람이 살 수 없는 곳 같았다. 하늘도 차가웠다. 부는 바람엔 빙하의 차가움이 스며있었다.

위도 40도~55도에 위치한 파타고니아 지역은 여름 성수기가 12월~2월까지이고 3월에서~5월은 비가 내리면서 날씨가 6월부터 8월까지 추워진다. 에이전시를 찾아가 모레노 빙하트레킹을 신청했다. 국립공원 입장료를 포함해서 770페소, 우리나라 돈 약 15만 원 정도다. 버스는 시내 호텔을 돌고 돌아 투어 신청객을 다 태운 뒤에야 로스 글라사레스 국립공원으로 향했다. 30분 정도 갔을까? 차에서 내려 흩뿌리는 비를 맞으며 배로 옮겨 탔다. 여기 저기 카메라 셔터 소리와 탄성이 터져 나온다. 빙하가 녹은 뿌연 강물엔 시릴 정도로 새파란 유빙이 떠 있었다. 태초의 신비를 품은 빙하가 높이

55m, 폭은 4km로 14km나 이어졌다. 살아 움직이는 거대한 얼음산이었다. 에이전시 직원이 신겨 준 아이젠으로 무장하고 빙하 위를 걸었다. 냉기가 온몸을 감싼다. 내가 몇 억 년의 빙하 위를 걷는다고 상상했을 땐 멋있게 느껴졌다. 하지만 몸이 좋지 않아서 트레킹은 힘이 들고 단조로웠다. 아이젠으로 걷는 걸음도 거북스러웠다. 1시간 반쯤 걷다가 빙하 얼음을 넣은 양주로 언더락 한 잔!

빙하의 질긴 고독이 뼛속까지 아리는 하루였다.

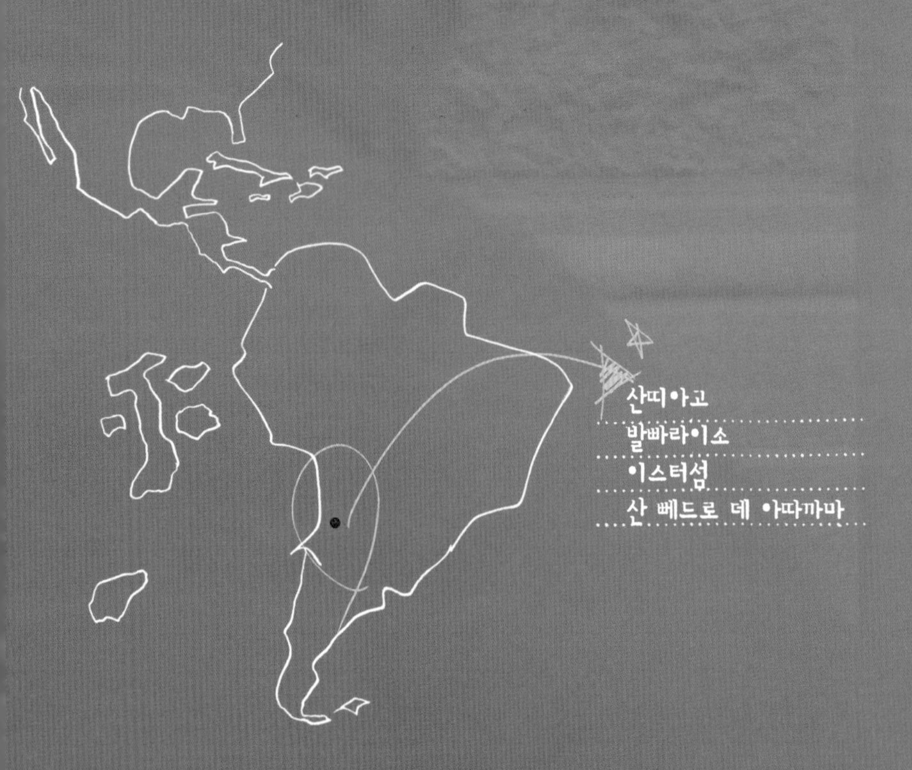
산띠아고
발빠라이소
이스터섬
산 뻬드로 데 아따까마

제3부

칠레

Chile

칠레 Chile

언제쯤 내 마음의 상자는 지구별 상자와 하나가 될까? 그 상자가 나를 갇히게 하고 구속하는 게 아니라 자유로워질까? 언제쯤 내가 사랑한 만큼 나를 만들어 주고 나를 채워주는 보석상자였다는 걸 알게 될까?

4월 7일

상자 속에 갇힌 칠레

사람은 누구나 자신만의 세계를 만든다. 그리고 그 속에서 산다. 더 정확히 표현하면 자신만의 상자 속에 갇혀 산다. 세계 여러 나라의 여행은 그 상자의 모습과 실체를 객관적으로 뚜렷이 느끼게 해 준다. 한국생활에서는 비슷한 주변사람들과 환경으로 갇힌 상자를 의식하지 못하고 생활한다. 그래도 가끔 평범함을 깨는 사람과 사건으로 자신을 추스리거나 재정비한다. 하지만 시간이 좀 지나면 다시 자신의 상자 속으로 들어간다. 어쩌면 우리의 일상은 늘 나와 상자 속에 그려진 그림과의 대화의 연속이라 말할 수도 있다.

그래서 나는 여행이 늘 고팠다. 배고픈 아이같이, 다른 나라 사람들이 사는 모습을 보고 싶었다. 정답을 찾기 위해 세계의 모든 상자 속을 들여다보고 싶었던 것이다. 처음 유럽을 보고 엄청 충격을 받았던 생각이 난다.

프랑스 베르사유 궁전 기둥에 기대어 '이렇게도 살 수 있구나' 하고 한참

을 넋 놓고 있었던 기억은 20년이 지난 지금도 잊혀지지 않는다.

내가 지금껏 살아 온 세계와는 너무도 달랐다. 새롭게 만들 수만 있다면 다시 그리고 짓고 싶었다. 그러나 나는 어쩔 수 없는 한국인이었다. 내가 만든 상자 이전에 이미 만들어 놓은 한국인이란 상자 속에 내가 자리하고 있었던 것이다. 남미의 상자는 낡고 오래되었다. 변화를 찾으려 애쓰지만 그건 과거로의 변화 같았다. 칠레 역시 아직도 과거에 갇혀 있는 느낌이다. 과거의 스페인과 함께 하고 있었다.

새벽 2시에 도착한 칠레 산띠아고는 브라질이나 아르헨티나에 비해 깨끗하고 조용하고 안정된 분위기였다. 파리의 어느 거리처럼 유럽풍의 집들이 잘 꾸며진 '파리'라는 거리였다. 한적하고 고풍이 묻어 나와 칠레 속에 있는 작은 유럽 같았다. 호텔 담벼락 카페에서 현지인들과 맥주를 마시면서 칠레에서 제 2의 유럽을 꿈꾼 스페인이 생각났다. 인간이 만든 상자는 눈에 보이지 않는 새장이었다.

4월 8일

왜 남미 역사는 한결같은가?

칠레도 아르헨티나처럼 스페인의 식민지였다. 남미 해방의 아버지 산마르띤 장군의 도움으로 독립하게 되었다. 엄청난 양의 광물 자원과 1878년 태평양 전쟁의 승리로 페루와 볼리비아 영토의 일부를 획득하여 발전하였다. 이후 1970년 세계 최초의 합법적 사회주의 정권이 탄생했다. 아옌데 대통령이 당선되어 광산국유화 등의 정책을 폈지만 '산띠아고에 비가 내린다!'는 작전명으로 피노체트 총사령관이 군사쿠데타를 일으켰다. 그리고 모네다 궁전에서 아옌다 대통령은 권총자살로 최후를 맞는다. 그리고 17년간 우익 군부독재는 민중탄압과 학살, 통제로 칠레인들에게 아픈 역사를 안겼다. 도대체, 남미 역사는 왜 한결같은 스토리일까?

야자수 그늘 벤치에서 대낮부터 사람들이 모여 놀고 있는 아르마스광장과 대성당, 그리고 모네다 궁전과 누에바 요크 거리, 쁘레꼴롬비노 박물관 등 돋보이는 건물은 거의가 스페인 식민시대에 지어졌다. 거리는 옛 건물들

에 압도되어 새로운 것은 없어 보였다. 스페인이 만든 세계 속에 칠레는 살고 있는 느낌이었다.

아침 일찍 볼리비아 비자 받기 위해 숙소를 나왔다. 대사관 근무 시간이 오후 1시까지라 서둘렀다. 하지만 시내 모든 길은 데모 군중으로 가득 찼다. 우리나라의 7~80년대 무장경찰과 물대포가 대로변을 따라 늘어서 있는 모습과 흡사했다. 과격했다. 최루탄 가스와 부서진 벽돌이 난무했다. 시위 주동자는 고등학생들이다. 이슈는 공교육정상화. 공립과 사립의 교육의 질 차이가 심하단다. 대학교는 아무나 갈 수 없고 대학교만 나오면 생활이 보장된다. 모두 다 대학 가고 같이 잘 살자는 거다. 대학생들은 공부량이 많아 일주일에 2~3일은 밤늦게까지 공부해야 따라 갈 수 있다고 한다.

지구별의 상자엔 정답이 없어 보인다. 자본주의의 끝은 경쟁뿐이다.

이기는 자만이 생존할 수 있다. 생존하려면 끊임없이 갈고 닦아야 한다. 멈춤은 퇴보고, 퇴보는 곧 죽음이다. 그래서 삶이 각박해진다. 노력 안했으면 받아 들여라. 근데, 그게 내 탓이냐? 사회구조 탓이지.

남미에서는 레닌도 모택동도 힘들 것 같다. 체 게바라도 죽었다. 지구상에서 실패한 이념이 아닌가? 어디에 해답이 있을까? 지구별 어디에서나 자신의 상자를 벗어나려고 몸부림친다. 그러니까 그것도 성장한다는 뜻이다. 그것은 부끄러운 일은 아니다. 하지만 옭아맨 목줄처럼 벗어나려고 발버둥 치면 더 조이고 말린다. 자기 안의 모습을 인정하면 좀 여유로워지지 않을까? 좀 편안해지지 않을까?

햇살이 따사로운 정오. 산따 루시아 언덕을 올랐다. 스페인군이 원주민들의 저항을 피하기 위한 요새다. 70m정도의 돌산엔 녹음이 짙다. 한가로이 개들도 자리 잡고 자고 있다. 나도 돌 의자에 누웠다. 잠이 들었다.

언제쯤 내 마음의 상자는 지구별 상자와 하나가 될까? 그 상자가 나를 갇히게 하고 구속하는 게 아니라 자유로워질까? 언제쯤 내가 사랑한 만큼 나를 만들어 주고 나를 채워주는 보석상자라는 걸 알게 될까? 생각해보면 지금껏 내가 본 상자, 내가 느낀 상자 속 그림들은 누가 만들어 준 것이 아니라 우리가 만든 세상이었다.

내 세상이었다.

4월 11일

아름다운 항구 발빠라이소와 시인 네루다의 집

산띠아고에서 전철 타고 발빠라이소 가는 버스 정류장으로 갔다. 굳이 버스 타는 곳까지 데려다 주는 매표원에게 '그라시아스!'를 남발하며, 지나친 친절도 남미의 매력이란 생각이 들었다. 발빠라이소 가는 길은 안데스 산과 함께 간다. 비가 오지 않아 거의 민둥산이다. 산과 산 사이엔 포도밭이 줄지어 이어진다. 북쪽으로 아따까마 사막이 있고, 동쪽으로 안데스 산이 해풍을 막아 주고, 서쪽으로 파타고니아 지방의 냉기가 병충해를 막아 천혜의 포도 생산의 조건이 된다. 칠레 와인의 경쟁력이다. 비는 겨울에만 와서 포도뿐만 아니라 사과, 자두 등 과일 당도는 최고다. 그야말로 꿀맛이다. 일년 내내 안데스 산맥의 빙하가 흘러 내려 물 걱정은 없다.

1시간 40분 만에 항구도시 발파라이소 도착했다. 남아메리카 제 1의 항구도시이며, 평지가 좁아 가파른 산꼭대기로 집들이 빽빽하게 들어서 있다. 우리나라 달동네 모습이다. 형형색색의 낡은 판잣집들이 다닥다닥 붙어 있

다. 유네스코에서 세계문화유산으로 선정된 이유는 오래된 옛 항구의 모습과 옛 정취를 그대로 느낄 수 있기 때문인 것 같다. 스페인군이 이 지역을 점령할 때 아름다운 풍경에 감탄하여 '천국과 같은 계곡' 이라는 이름을 지었다고 한다. 쁘랏 부두와 시내로 들어가는 관문인 소또마요르 광장, 그리고 칠레 해군 총사령부 건물이 자리잡고 있다. 아쉽게도 언덕을 올라가는 100년도 더 된 경사형 엘리베이터 아센소르는 운행이 중단되어 항구를 한눈에 볼 수 있는 꼰셉시온 언덕 방문은 포기했다. 대신 노벨문학상을 받은 빠블로 네루다 시인의 집을 방문하였다.

잘 꾸며진 정원과 3층으로 지은 그의 집은 그냥 있어도 시가 터져 나올 것 같았다. 네루다가 직접 설계한 거실과 침실, 서재 어디서나 항구와 바다가 보였다. 곳곳에 그의 시적 체취가 느껴졌다. 세상 속에 있으면서 세상 밖에 사는 기분이 들었다. 네루다는 스페인 내전 경험과 절친한 친구를 잃고 파시스트에 대한 반발로 공산주의자가 되었다. 이후, 공산당 대통령 후보가 되지만 아옌데를 단일 후보로 추대하여 사회주의 정권 탄생을 도왔다.

하지만 네루다는 피노체트의 쿠데타와 탄압으로 아르헨티나로 탈출하기도 한다. 쿠데타로 아옌데 대통령이 죽은 지 12일 만에 네루다도 죽었기 때문에 최근에 독살설이 제기되어 현재 그의 시신을 부검 중이다. 3개월 후에 결과가 나온다고 한다. 공교롭게도 아옌데와 피노체트, 그리고 네루다가 모두 발빠라이소 고향이라고 한다. 인연은 질기고 역사는 가혹하다. 가택수색

을 나온 군인에게 '당신들에게 위험한 것은 이 방에 하나 밖에 없네, 그건 바로 시라네" 라는 말을 남길 정도로 그의 말과 글이 칠레인들의 역사와 아픔이 되었다. 산띠아고가 칠레의 앞모습이라면 발빠라이소는 칠레의 뒷모습 같다는 생각이 들었다. 우리가 앞모습은 속여도 뒷모습은 어쩔 수 없이 드러나듯 발빠라이소는 칠레가 살아온 숨길 수 없는 진짜 모습인 것 같았다. "고통보다 넓은 공간은 없고, 피 흘리는 그 고통에 견줄만한 우주는 없다"던 네루다의 고뇌가 꼬불꼬불한 페라리 골목길에 메아리치고 있었다.

4월 13일

날지 못한 새가 모아이상의 돌이 되다

새는 자유로이 바다와 육지를 날고 있었다. 인간도 새처럼 날고 싶었다. 태평양 한가운데 떠 있는 육지에서 가장 고립된 섬 이스터는 세상 밖을 몰랐다. 그래서 새처럼 날아 가고 싶었다. 그 새가 버드맨(brid man)이었다. 머리는 새, 몸은 인간이었다. 섬 곳곳에 1,500개의 돌에 새를 새겨 놓았다. 이스터섬의 전사들은 성스러운 땅, 오롱고에서 절벽을 타고 내려가 1.4km 떨어진 모투누이 섬까지 헤엄쳐 새알을 가져 왔다. 화산이 폭발한 라노카우 분화구가 있는 오롱고 언덕에서 바라본 모투누이 섬은 파도가 섬을 부셔버릴 듯 때리고 있었다. 무서웠다. 용맹한 전사만이 도전할 수 있었다. 세상은 온통 파란 하늘과 파란 바다뿐이었다. 바다는 하늘을 닮아 하나가 되어 있었다. 육지로부터 3,599km. 칠레 산띠아고로부터 비행기로 5시간. 시차 3시간. 고립과 풍요는 도전의 칼날을 점점 무디게 했다. 4~5세기 경 폴리네시아계 원주민들이 건너 왔을 때 이 지역은 아열대 지역으로 나무와 수산

MIRA

자원이 풍부한 풍요로운 땅이었다. 섬 전체를 보기 위해 하루 지프차를 렌트했다. 동쪽 바닷가부터 돌았다. 집채만한 파도가 검은 화산암 절벽으로 쉼 없이 밀려 들었다. 저 멀리 바다에서, 아니 저 하늘 끝에서 한 방향으로 몇 겹이 밀려왔다. 파도는 어느 지점이 되면 나란히 서로 손을 맞잡고 최후의 병사들처럼 일제히 산화한다. '쏴~아'하며 새하얀 포말로 부서진다. 넓은 바다는 크림같이 고운 거품 세상으로 변한다. 초원에는 방목하는 말들과 얼룩송아지들이 어슬렁거리고 있었다. 한가로운 낙원이었다.

1960년대에 칠레에서 발생한 지진으로 해일이 닥쳐 모아이 상들은 해안을 따라 쓰러졌다. 그들이 더욱 신성시했던 제단 '아우'도 허물어져 있었다. 모아이 제조공장이라 불리는 돌산 라노 라라쿠로 갔다. 여기저기 모아상이 흩어져 있었다. 크기도 10m가 넘고, 무게도 50톤이 되는 것도 있다. 300여 개의 모아이상은 하늘을 보고 바다도 보고 미완성으로 누워도 있었다. 멀리 아우 통가리키가 보였다. 일본인들에 의해 기중기로 3년 만에 복원되었다. 인간의 힘만으로 하기가 힘든 일이었다. 모아이상 15개가 100m에 달하는 대형 제단 위에 우뚝 서 있다. 바다가 아닌 그들의 고향 산을 바라보고 서 있었다. 모아이상 뒤로는 지칠 줄 모르는 파도가 몰아치고 있었다.

Chile

4월 14일

모아이상들이 나를 지켜본다

차를 몰고 아름다운 아나케냐 해변으로 갔다. 멀리 해안에는 낚시를 즐기는 사람들도 있었다. 야자수나무와 모래와 작은 모아이상도 있다. 이스터섬은 이곳처럼 처음에는 나무들이 많았다고 한다. 하지만 부족의 수호신을 뜻하는 모아이상을 경쟁적으로 만들면서 나무들이 잘려나갔다. 큰 모아이상을 이동하는 도구로, 또는 설치하는 장소로 만들기 위해 나무는 잘렸고 물은 메마르고 새들은 날아갔다. 먹을 것이 풍족했던 섬은 식량이 부족해지고 부족 간의 싸움도 치열해졌다. 그렇게 섬의 평화는 일천여 년 만에 세계 7대 미스터리의 이름표를 달았다.

새벽닭 우는 소리가 들렸다, 섬의 고요와 잠을 깨우기에 충분 했다. 새벽녘 해변과 모아이상을 다시 보고 싶어 차를 몰았다.

너무 이른 시간에 길을 나섰다. 별들이 하늘에 빼곡히 박혀 있었다. 도로에서 잠자던 말이 놀라 일어나 어두운 초원으로 사라졌다. 차창 밖 바다에는 짙은 어둠이 묵직하게 깔려있고, 희미한 바닷물 냄새와 파도소리가 여운을 남겼다.

마치 무언가가 캄캄한 어둠속에서 꿈틀대는 것 같았다. 해안을 따라 서 있는 800여 개의 모아이상들이 나를 지켜 보는 것 같았다. 무서웠다. 모아이의 정령들이 살아있는 것 같았다. 아우 통가리키에는 아직 사람들이 보이지 않았다. 그렇게 어둠과 두려움은 파도 소리에 깊어갔다. 한참 후 차들의 불빛이 보이고 사람들이 모이기 시작했다. 어둠과 두려움은 살아있는 사람들의 에너지로 바뀌고 어김없이 떠오른 태양은 바다와 모아이상의 짙은 색채를 바꿔 놓았다. 멋진 새벽이었다. 희고 파아란 구름이 아침 햇살에 분홍색 구름이 되어 이 세상 아름다움을 다 표현하는 것 같았다. 파스텔톤의 예쁜 물감을 이스터섬의 광활한 하늘에 뿌려 놓은 것 같았다. 이른 새벽의 두려움을 싹 쓸어 가 버렸다.

어둠은 어둠을 낳고, 두려움은 점점 두려움을 잉태하는 법. 집착과 두려움은 이스트섬의 종말을 가져 온 것 같다. 모아이상이 바다를 보지 않고 해가 비치는 섬을 향해 밝은 아침 하늘을 보았듯이 그들도 집착과 두려움으로 자신을 매몰시키지 않았다면 이스터섬은 오래 오래 낙원이었을 것만 같았다. 그곳에서 나는 나라는 인간이 살아온 과정과 세월들을 멀리서 멀리서 보고 또 보고 있었다.

ARTU
ORFEBRERIA
337
RENT BIKES
MONEY
EXCHANGE
Dolar
Euro
Peso Argentino
Peso Boliviano
Reales y otros
Valle de la Luna
Geyser Tatio
Lagunas Altiplanicas
Salar de Tara

4월 16일

아따까마의 산 뻬드로에 반했다

반했나? 반했다! 개콘에서 본 멘트가 생각났다. 처음 산 뻬드로 동네로 들어섰을 때 난 반해 버렸다. 어릴 적 황톳길에 주저앉아 친구들이랑 구슬치기하던 모습이 생각났다. 흙담길과 흙집은 옛날 우리네 시골 동네 같았다. 하지만 사막에서 가장 오래된 여행자의 도시답게 도로와 가게들이 잘 꾸며져 있었다. 사막의 문화에 유럽의 세련미가 살짝 얹어져 있어 여행자들에게 색다른 이국적 풍경과 편리함까지 주었다. 밤이면 아르마스 광장에는 음악이 흐르고, 영화가 상영되고, 술집과 음식점들도 여행자들이 붐빈다. 손으로 그린 가게 간판 글씨와 파란 문과 파란 하늘은 그동안 보아온 남미와는 달랐다. 황토 흙과 흰색 회벽으로 칠해져 있는 집들은 영토는 칠레지만 사막의 잉카 문명이었다. 긴 머리에 전통 모자를 쓴 낯익은 잉카의 후예들도 자주 마주친다. 불쑥, 누런 흙담길 그늘에서 친구들이랑 놀고 있는 나를 엄마가 부르는 것 같다. 고개를 돌려보니, 영원히 변하지 않을 것 같은 새파란 하늘이 나를 쳐다보고 있었다.

4월 17일

사막의 간헐천에 몸을 녹이다

새벽 4시 누군가 깨우는 소리에 일어났다. 해발 4,100m 사막에 있는 마띠오 간헐천에 투어를 가기 위해서다. 고도가 높아 질수록 기온은 뚝뚝 떨어지고, 고산증세로 머리가 어지러웠다. 2시간 정도 어둠 속의 비포장 길을 달려 도착한 간헐천은 수증기가 여기저기 피어 오르고 있었다.

아침식사로 제공하는 치즈를 넣은 빵은 차가워서 먹지 못하고 따뜻한 꼬까차와 커피만 마셨다. 나는 날씨가 워낙 추워 해가 뜰 때까지 차안에서 꼼짝하지 않았다. 사막의 산 너머로 태양빛이 보이고, 몸도 차츰 괜찮아졌다. 유황가스가 새어 나오고, 부글부글 솟아 오르는 간헐천 주변을 천천히 걸었다. 드디어 노천 온천이 보였다. 온천물에 손을 담가보니 미지근했다. 영하의 날씨로 야외 온천탕 옆에는 얼음이 얼어 있었다. 옷을 벗고 온천에 들어가기가 겁이 났다. 뜨거운 온천수가 계속 올라 와서 그 주변에 있으면 괜찮

다는 가이드의 말에 용기를 얻어 옷을 벗고 물속으로 들어갔다. 같이 온 일행들도 탄성을 지른다. 영하의 날씨가 녹아내리는 사막의 아침이었다.

4월 18일

달의 계곡에 해가 진다

바다가 융기한 사막의 산과 계곡에는 흰 소금들이 회벽의 사막집들처럼 흩어져 있다. 사막의 지평선 끝에는 칠레-볼리비아 국경에서 두번째로 높은 해발 6,000m의 리깐까부르산과 만년설로 덮힌 여러 봉우리들이 보였다. 내가 올라갔던 해발 5,895m의 아프리카 킬리만자로의 우후루픽보다 더 높았다.

한번 도전하고 싶었다. 소금이 깔려 있는 절벽으로 갔다. 물이 없는 넓은 소금 호수 같았다. 사진을 찍고 차에 탑승을 하니 가이드가 코리언을 위해 특별히 음악을 틀어 주겠다고 했다. 서태지의 모아이 노래였다. 서태지가 이곳 아따까마 사막과 이스터섬에서 뮤직비디오를 찍었다고 한다.

옆자리에 앉은 나이 드신 아주머니가 갑자기 싸이의 강남스타일을 외쳤다. 12명 정도의 일행들이 함께 웃었다. 나는 개인적으로 싸이를 너무 좋아한다. 군대 문제를 두 번 입대하는 정공법으로 해결하는 자세도 그렇고 강

남스타일 노래와 춤으로 돈으로 환산하기 힘든 국가브랜드 가치를 높여 놓은 그에게 한없는 감사와 존경을 보낸다. 그들이 있기에 나는 메마른 사막 한 가운데서도 한국인임이 자랑스러웠다. 감사! 감사!

소금물이 굳어 크리스탈로 변한 동굴도 기어 다녔다. 일몰시간이 가까워 달의 계곡으로 갔다. 같이 간 일행들이 나이가 많아 늦게 올라가서 일몰풍경을 볼 수 있는 시간이 아슬아슬했다. 하지만 사막의 일몰은 길었다. 여러 번 카메라 셔터를 누르고, 긴 호흡으로 사막의 풍경을 가슴에 담았다. 해가 지는 곳은 숨 끊기는 절망의 순간처럼 밝음과 어둠이 뒤섞여 있었다. 마지막 남은 햇살이 비치는 반대편의 높은 산들은 붉은 노을빛으로 타고 있었다. 광활한 사막은 임종의 순간도 장엄하다. 산 그림자로 얼룩진 사막이 점차 깊은 어둠에 묻혀 까맣게 변해갔다.

Chile

라 빠스
뿌노(띠띠까까호수)
꾸스꼬
마추픽추

제4부
볼리비아
Bolivia

볼리비아 Bolivia

메마른 땅엔 풀도 있고, 새도 있고, 비꾸냐와 사막 여우도 있었습니다. 때론 간헐천이 흘러 사막을 적셨습니다. 사막은 힘겹게 살아 있었습니다. 사막에서 무서운 생명력도 보았습니다.

4월 20일

마주보는 사막의 사랑

흙먼지 날리며 끝없는 사막을 달립니다.
맨얼굴을 한 사막의 붉은 언덕과 붉은 산들은 나의 걸치레를 벗깁니다.
한겹 한겹, 거침이 없는 사막의 바람처럼 거부할 수가 없습니다.
해발 6,000m의 높은 산들은 만년설을 늘 벼슬처럼 쓰고 있습니다.
그냥 봐도 다릅니다. 고산병에 헤매는 나를 보면,
눈 덮힌 영봉들도 힘겹기는 마찬가집니다.
사막의 밤은 뼛속까지 춥습니다.
살아 있는 건 찬바람 소리와 숨소리뿐입니다.
사막의 어둠은 별들로 찬란합니다.
수많은 별빛은 붉은 민둥산과 입맞춤을 합니다.
빤짝 빤짝! 쪽쪽!
외로운 사막은 사랑도 깊습니다.

사막은 달도 붉습니다.
붉은 언덕과 붉은 산만 보다가 서로 닮아 버렸습니다.
그래도 나눌 수 있는 사랑이 있어 사막은 행복합니다.

4월 21일

사막에서 나를 만나다

사막을 지나며 여러 호수를 만납니다.
그곳에서 진짜 산과 호수에 비쳐진 산
그리고 산을 따라 만들어진 구름산을 만납니다.
세상 속에 살고 있는 나를 보는 것 같았습니다.
나는 매일 내가 느끼는 감정 속에 빠져 삽니다.
진짜는 없고 가짜인 감정에 왔다 갔다 헤맵니다.
그리고 세상 사람들이 좋아하는 만들어진 나를 쫓아 다닙니다.
자세히 보면 셋은 같은 것 같지만 다릅니다.
실체가 있는 것은 사막의 산처럼 진짜 나 하나 뿐입니다.
호수에 비친 산과 구름산 처럼,
감정에 얽매인 나와 사람들과 세상에 빠져서 꾸며진
나는 진짜 내가 아닙니다.
시간이 지나 해가 가고, 구름이 흘러가버리면,
그땐, 어쩔 수 없이 진짜 나와 마주하게 됩니다.
어느 시인은 사람들이 신의 목소리를 듣는 건 사막이라 합니다.
우리에게도 그날이 오겠지요?

4월 22일

하늘도 땅도 내 것임을 알게 해 준 우유니 소금사막

파란 하늘도 하늘 끝까지 있습니다. 하얀 땅도 땅 끝까지 있습니다. 둥근 공을 하늘과 땅으로 반 딱 잘라 놓은 것 같았습니다. 지구가 둥글다는 걸 한눈에 알 수 있습니다. 땅과 하늘이 갈라진 그 사이로 둥근 해가 떠오릅니다. 일출인가 봅니다. 하지만 빛나는 것은 태양만이 아니었습니다.

우리나라 강원도 땅만큼 넓은 하얀 소금밭도 빛나고 있습니다. 비가 오는 우기에는 하얀 소금 위에 물이 있어 하늘을 고스란히 담아 냅니다. 세상에서 가장 큰 거울입니다. 내가 없어도 하늘과 소금사막이 세상을 말하기에 충분합니다.

아따까마 사막에서 4일을 보내고, 다시 볼리비아 국경을 넘어 2박 3일을 또 사막을 달렸습니다. 흙먼지와 고산병을 친구 삼아 달리고 달렸습니다.

이름도 어려운 호수 몇 개와 하얀 고깔 모자를 쓴 해발 6,000m의 붉은 민둥산 여러 개와 그리고 호수에 비친 산을 열심히 쪼아 먹는 플라밍고

를 보았습니다. 세상에서 가장 넓은 온천에서 설산을 보며 목욕도 하였습니다. 사막은 넓고 힘겨웠습니다. 메마른 땅엔 풀도 있고, 새도 있고, 비꾸냐와 사막 여우도 있었습니다. 때론 간헐천이 흘러 사막을 적셨습니다. 사막은 힘겹게 살아 있었습니다. 사막에서 무서운 생명력도 보았습니다.

소금으로 지은 집과 소금으로 만든 침대에서 사막의 마지막 밤을 보내고 맞이한 새벽의 사막도 새하얀 소금사막이었습니다. 우유니 소금사막에 혀로 맛도 보고, 누워서 뒹굴었습니다. 친해진 외국인 투어 일행들과 광활한 지평선에서나 가능한 사진 찍기 놀이도 하였습니다. 1년에 1cm씩 자라는 9m 넘는 900살 된 선인장도 보았습니다.

그렇게 보낸 반나절의 시간은 짧았습니다. 신비롭고 경이로운 사막이 내 놀이터 같았습니다. 사막에 오줌도 쌌습니다. 자전거 하이킹하는 사람, 텐트치고 캠핑하는 사람도 보입니다. 소금사막은 멋진 친구였습니다.

문득, 이런 생각이 들었습니다. 이렇게 멋진 소금사막을 내가 알아주지 않고 와서 즐겨주지 않는다면 이 소금사막은 의미가 있을까? 결국 내가 있어야 우유니 소금사막도 빛이 난다는 것을 알았습니다. 내가 그의 이름을 불렀을 때 우유니 소금사막이 되었습니다. 결국 내가 세상의 시작이었습니다. 내가 열어야 비로소 세상이 열립니다.

ALPACA GARMENTS
L.A.M.

4월 25일

6만 원짜리 숙소가 미안한 볼리비아 수도 라 빠스!

칠레와 볼리비아에 걸쳐 있는 사막투어를 일주일 정도하고 나니 몸도 마음도 지쳤다. 고산과 추위와 흙먼지, 그리고 메마른 사막에서 반사되는 햇볕은 나의 내면을 끊임없이 핥아 댔다. 바로 밤 버스를 타고 볼리비아 수도 라 빠스로 갈까 고민하다가 뜨내기 여행자들의 휴식처인 우유니에서 숨고르기 1박을 했다. 하루 만 원도 안 되는 숙소를 잡아 놓고 그동안 굶주렸던 배를 채우기 위해 거리로 나섰다. 거리는 메마르고 찬바람이 살 속으로 들어왔다. 숯불에 연기가 피어오르는 식당들이 보였다. 돼지고기와 닭고기랑 맥주로 뱃속을 채우고, 숙소에 들어와 뜨거운 물도 찬물도 아닌 애기 오줌같이 나오는 물로 샤워를 하고 덜덜 떨었다. 나무관처럼 무거운 세 겹씩이나 되는 이불을 덮고 세상과 함께 잠들어 버렸다. 다음날, 시간이 남아 미용실에 들렀다. 1,500원! 우리나라 학용품 가위 같은 걸로 머리를 깍았다. 현지인이 된다는 게 이런 거구나 싶었다. 시꺼먼 얼굴에 볼리비아노 헤어스

타일! 몸과 맘이 레알 남미. 진정 내가 원했던 여행자의 모습이었다.

방에 있다가 추우면 양지쪽에서 햇살 쬐고 힘들면 다시 방에 들어가 쉬고를 반복하다 그날 저녁 8시 밤 버스로 라 빠스로 출발했다. 차안의 사람들은 하나같이 몰골이 피곤에 찌들어 있었다. 그런데 차가 출발하자마자 덜컹덜컹 비포장 흙먼지 길은 사막투어의 연속이었다. 먼지 때문에 숨이 막히고 목이 타들어 갔다. 물을 마셔대고 수건으로 입을 가려봤자 소용이 없었다. 아무리 가난해도 수도 근처 도로에는 포장이 됐겠지? 위안을 하며 몸을 뒤틀다 자다를 반복하니 시간은 흘러갔다. 그렇게 10시간이 지나고 아침 6시, 해발 3,600m 하늘 아래 가장 높은 도시, 인구 1백만 명의 평화의 땅, 라 빠스가 아침햇살에 깨어나고 있었다. 이때, 여행자의 생존본능이 진가를 발휘했다. 얼른 짐 챙기고 택시 잡아타고, 책자에서 추천한 호텔로 갔다. 꼬불꼬불 산꼭대기 달동네 중턱쯤 올라 내렸다. 호텔 초인종을 누르고 숙박비 무조건 오케이하고 지친 몸을 씻었다. 잠깐 눈을 붙이고 나니 배가 고팠다. 택시를 타고 한국식당으로 직행, 삼겹살에 참이슬 한병! 와우! 씹는 밥이 달았다. 완전 행복했다. 세상에서 가장 시원하고 맛있는 물은 냉장고에서 바로 꺼내 마시는 물이 아니라 갈증으로 타들어가 죽을 것 같을 때 마시는 물이다. 인생은 그런 거다.

천천히 서울의 종로 거리 같은 '7월16일' 대로를 따라 걸었다. 복잡하고 매연이 심한 메마른 도시에서 유일하게 숨 쉴 수 있는 뿌라도 공원과 화단이 도로 중간에 잘 가꿔져 있었다. 남미 독립영웅 볼리바르 동상과 벤치가 있고 짝퉁 오벨리스크도 보였다.

스페인이 식민지도 차별대우를 했나? 라 빠스의 실질적인 중심지인 산 프란시스코 광장에 도착해 교회 건물을 보니 그동안 남미에서 보아온 스페인 건물과는 크기도 모양도 달랐다. 스페인과 남미의 혼합 건물양식이라 한다. 근처 대통령궁 앞 무리요광장의 수천 마리의 비둘기를 빼고 나면 대성당도 광장들도 아르헨티나와 칠레에 비하면 작고 초라했다. 볼리비아인의 삶은 지치고 고단해 보였다. 거리마다 넘치는 노점상들에게서, 길을 못찾아 헤맸던 달동네에서도, 산꼭대기까지 성냥곽처럼 빼곡히 들어찬 집들에서 본 그들의 삶은 힘들어 보였다. 킬리킬리 전망대에서 바라 본 해발 6,000m

의 일리마니 설산만이 빛나 보였다.

볼리비아는 1,532년에 스페인의 식민지가 되었고, 은광이 발견되어 스페인에게는 부를 주었지만, 수백 만 볼리비아 원주민들은 가혹한 노동으로 광산에서 죽었다. 이후 1,825년 스페인으로부터 독립된 후 칠레와의 태평양 전쟁에서 패배하여 아따까마 사막 일부와 유일한 항구 아리까를 빼앗겨 내륙국으로 전락했다. 이후 브라질과의 전쟁에서는 아마존 지역 고무 산지를, 파라과이와의 전쟁에서는 유전지역을 빼앗겨 국토의 반을 잃어버렸다. 한마디로 국력도 약하고 운도 나쁜 나라다. 정권도 16번 이상 교체되고, 200번 이상 쿠데타가 일어났다. 현재는 최초로 원주민 대통령이 집권하고 있으며, 주요 산업들의 국유화를 진행하고 있다. 경제는 남미 최빈국이며 GNP는 약 3천 불 정도다.

내가 하루 묵는 숙박비 6만 원이면 420볼리비아노로 엄청난 돈이다. 20

볼리비아노면 닭다리와 감자튀김, 그리고 맥주 한 병을 마실 수 있는 돈이 다. 물론 현지인이 먹는 식당은 훨씬 싸다. 내가 하는 여행이 너무 사치스 러운 것 같아 거리를 다닐 때마다 맘이 찔리고 미안했다. 음료수를 좀 더 싸게 먹으려고 비닐봉지에 담아서 빨대로 먹는 학생들의 모습이 측은했다. Bolivia

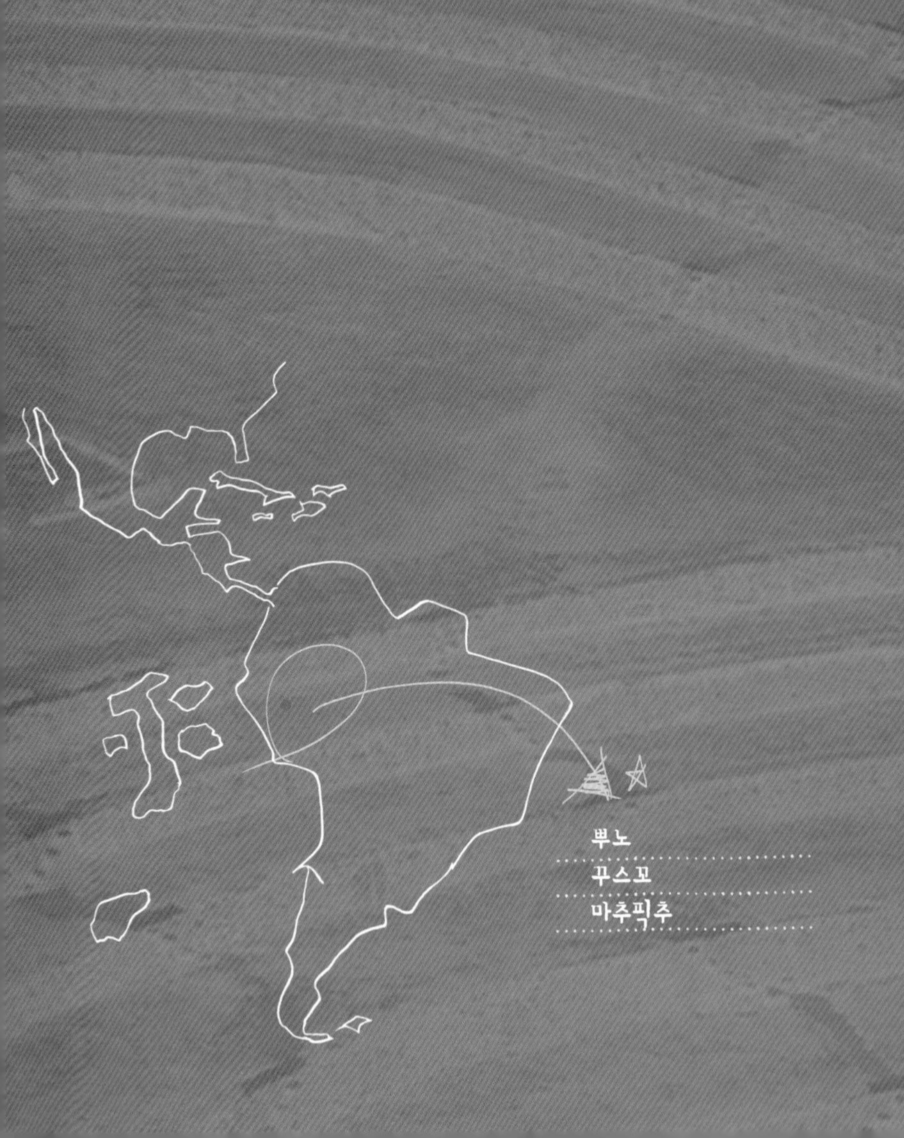

뿌노
꾸스꼬
마추픽추

제5부

페루

Peru

페루 Peru

띠띠까까 호수의 여러 섬들 중에 따낄레 섬으로 갔다. 물빛이 아름다웠다. 섬은 떠 있는 아득한 그리움같이 가슴을 젖게 했다. 옹기종기 쌓아올린 돌담과 흙집, 그리고 보리밭은 바람에 흔들리고 있었다.

4월 27일

뿌노에서 다시 만난 싼티 댄스 아저씨

라 빠스에서 페루 뿌노로 가는 버스를 탔다. 버스가 힘겹게 언덕을 구불구불 올라가니 넓은 평원이 펼쳐졌다. 꼭 이 세상과 저 세상, 지옥과 천당을 보는 느낌이었다. 한사코 닭장같은 산동네에서 번잡하게 사는 인간들의 심사가 궁금했다. 아득한 평원을 지나가니 푸른 호수가 흰 설산을 배경으로 출렁인다. 띠띠까까 호수다. 볼리비아와 페루 국경 도시 데사구아데로는 노점상과 인력거와 차들로 걸어 다닐 수가 없었다. 차례로 출국과 입국수속을 마치고 다시 버스에 올랐다. 뿌노는 띠띠까까 호수를 보거나 마추픽추가 있는 꾸스꼬를 가기 위한 거점도시다. 여행객이 늘 붐비다 보니 아르마스 광장이 있는 외국인 거리는 깔끔한 음식점과 페루 전통 기념품 가게가 즐비한 쇼핑거리다. 우아사빠다 언덕 위에는 하얀 날개를 펼친 콘도르와 잉카의 시조 망꼬 까빡이 띠띠까까 호수를 한눈에 굽어 보고 있다. 비수기라 호텔을 싸게 잡고, 시간이 남아 대성당도 볼 겸 거리를 걸었다. 그런데 칠레 산띠아고 파리거리 호텔에서 같이 묵었던 아저씨가 보였다. 반가웠다. 특히 외국에서는 아는 사람을 만나면 더 짠하다. 호텔에서 아침식사 때마다 만나면 늘 걸음걸이가 댄스 스텝 밟듯 하고 접시를 꺼낼 때도 허리를 꼿꼿이 세우고 춤을 추듯 리듬을 탔다. 낫살이나 먹고 좀 우스워 보였다. 아니 꼴 보기 싫었다. 그래서 다음날 보란 듯이 내가 다리를 쭉쭉 뻗고 심하게 흉내를 냈다. 별명도 싼티 댄스로 지었다. 웬걸? 반가워서 아는 체를 하는데 영 시큰둥하다. 왜 이러지? 기억을 못하나? 갑자기 따발총처럼 말하기 시작했다. 자기는 3년 전에 오토바이 사고로 허리에 쇠를 박은 상태라 허리를 굽힐 수 없다고… 난 당신이 나를 흉내 낸 것을 I don't forget! 그건 좋지 않는 행동이라며 그동안 쌓였던 감정을 풀어 놓았다. 부끄럽고 미안했다. 거듭 사과하니 산티 아저씨가 기분이 좋아져서 괜찮다고 하면서 근처 박물관도 가 보라고 권했다. 처음에 모른 척한 건 기분 나빴던 기억 때문이었던 모양이였다. 벌겋게 달아오른 내 얼굴이 식지가 않았다. 남의 속사정도 모르고 함부로 흉내낸 걸 반성했다. 내 기분에 의해 따라한 행동이 남에게 상처가 된다는 걸 알았다. 그런데 나중에 산티 아저씨를 마추픽추 정상에서 보고, 또 마추픽추 마을에서도 봤다. 새삼 인연의 굴레가 새로웠다.

Peru

ISLA - LOS - UROS - LAGO - TITIKAKA

4월 28일

인간이 만든 섬 우로스 섬과 자연이 빚은 따낄레 섬

도대체 사람이 물 위에 땅을 만들 수 있는 걸까? 토토라 갈대 뿌리 덩어리를 상자 크기로 네모나게 잘라서 나무 막대기로 여러 개를 고정하여 물 위에 띄우고, 그 위에 다시 갈대를 여러 겹 덮어 만든 땅. 콜롬버스가 계란을 세우듯 결과를 놓고 보면 뭐 그럴 수 있다 싶지만 생각해보면 참 신기하다. 인간의 기발한 창조력을 엿보는 것 같다. 섬이 생긴 동기는 우로스 부족이 잉카제국의 침입을 피해 이곳 띠띠까까 호수에 인공섬을 만들었다고 한다. 외부와 단절된 생활은 그들만의 생활양식을 낳았고, 특별해 보였다. 지금은 최고의 관광 상품이 되었다. 요즘 세상은 독특해야 살아 남는다. 달라야 끌린다. 하지만 돈을 쫓게 되면 순수함을 잃게 되어 감동도 사라진다. 가이드와의 잘 짜여진 연출은 금방 싫증이 났다. 그리고 누군가의 삶을 돈으로 엿본다는 것은 기분 좋은 일이 아니다. 여행은 순수함을 찾아가는 과정이다. 본질을 보기 위해 헤매는 고행인 것이다.

띠띠까까 호수의 여러 섬들 중에 따낄레 섬으로 갔다. 물빛이 아름다웠다. 섬은 떠 있는 아득한 그리움같이 가슴을 젖게 했다. 옹기종기 쌓아올린 돌담과 흙집, 그리고 보리밭은 바람에 흔들리고 있었다. 띠띠까까 호수에서 잡은 송어 뚜루차와 입맛에 잘맞는 살사 소스로 점심을 먹고 한가하게 섬을 거닐었다. 자연이 빚은 섬에서 순응하며 사는 따낄레의 모습은 인간이 만들어 돈벌이 수단이 된 우로스 섬과는 달랐다. 호수 건너 멀리 설산의 봉우리처럼 빨간색에 흰무늬 모자를 쓴 잉카인의 얼굴은 이웃처럼 다가 왔다. 시간이 멈췄다.

Peru

4월 28일

나는 띠띠까까에 목욕하고 싶었다

이름이 예뻤다. 띠띠까까! 띠띠는 푸마, 까까는 호수를 뜻한다. 푸마를 닮은 하늘 아래 가장 높은 호수에서 나는 목욕하고 싶었다. 숙소를 나설 때 수건도 잊지 않고 챙겼다. 빙하가 만든 잉카의 전설이 있는 호수와 하나가 되고 싶었다. 세계에서 가장 큰 바이칼호에서 손을 씻으면 5년, 발을 담그면 10년 젊어진다는 속설이 있다. 얼음이 떠있는 바이칼호에 팬티마저 벗고 뛰어 들었던 기억이 났다. 잉카제국의 시조 망꼬 까빡처럼 호수에 강림하고 싶었다. 하지만 가이드에 끌려 다녀 푸르디 푸른 호수에 목욕할 기회를 놓쳤다. 많이 아쉬웠다. 배를 타고 따낄레 섬으로 가는 동안 배지붕에 누웠다. 띠띠까까가 요가 되고 하늘이 이불이 되었다. 구름 한 점 없는 푸른 하늘에 내가 빠져 있는 기분이다. 어디가 하늘이고 어디가 호수인지 나는 하늘과 호수에 떠 다녔다. 바람이 지나가고 있었다.

4월 29일

버스 안은 리얼 페루였다

페루 돈 35솔, 우리나라 돈 14,000원 정도 주고 예약해 둔 꾸스꼬행 버스를 타기 위해 아침 일찍 터미널에 갔다. 그런데 예약한 버스는 취소되고 직원이 여권번호를 물어 보더니 다른 회사 버스표를 끊어 주었다. 최고급 까마 버스는 자리가 없어 중간급인 2층 세미까마를 예약한 상태였다.

그나마 다행이다 생각하고 허둥대며 버스에 타고 버스표를 자세히 보았다.

이럴 수가? 35솔이 지워지고 15솔! 순간 당했구나 생각되었다. 볼리비아 라 빠스에서도 200볼리비아노를 주고 예약했는데 50볼리비아노를 떼먹고 다른 버스 연결해줘서 난리를 쳐서 50볼리비아노를 돌려 받았던 적이 있었다.

이곳은 버스회사 직원들이 커미션 먹는 게 관행이었다. 이럴 때 여행자의 최선은 빨리 잊어버리고 현재의 여행에 충실하는 것. 지난 것은 지난 것이다. 지난 감정에 꺼들리는 건 내 머리 속에 나쁜 둥지를 짓는 것이다.

뿌노에서 꾸스꼬 가는 길은 알려진 대로 참 아름다웠다. 멀리 초록 민둥산 아래에는 띄엄띄엄 흙집들이 평온하게 자리 잡고 있었다. 검은 흙집은 초가지붕과 흰 양철지붕을 하고 있었으며, 간혹 갈색 기와지붕도 보였다.

넓은 들판에는 곡식들이 자라고 소들은 유유히 풀을 뜯고 있었다.

시작을 알 수 없는 실개천은 조용히 내게로 다가와 강물이 되어 흘러갔다. 그리고 강물은 또 다시 실개천이 되어 멀리 사라져 갔다. 어느새 바라보는 나는 없어지고 산천은 그렇게 흘러갔다.

버스가 어느 소도시 터미널에 서자 그때부터 평화는 끝이 났다. 리얼 페루의 시작이었다. 버스 문이 열리자 우당탕탕! 깊은 주름과 햇볕에 그을린 짙은 갈색의 얼굴들이 놀란 눈동자로 빈자리로 몰려 들었다. 자기 덩치보다 큰 짐보따리 두세 개 씩은 기본이다. 머리 위 선반에 짐들을 넣고 야단일 때 노래 소리가 들린다. 목소리가 미성이라 돌아보니 남자 어린이였다. 돈을 구걸하기 위해서였다. 어느새 차는 출발했고 한 남자가 차표 검수를 하는가 싶더니 뭐라고 승객들에게 훈계를 하는 듯했다. 하필 내 옆에서 침까지 튀어가며 떠들었다. 중요한 얘기를 전하는 줄 알고 꾹 참았다. 그런데, 일장연설은 10분이 지나고 20분이 지나도 계속되었다. CD를 파는 외판원이었다. 몇 개의 CD를 팔고는 가버렸다. 이어 약장사가 또 나타나 떠들었다. 약장사가 가고나니 또 뚱보 아줌마가 큰 광주리를 머리에 이고 와서 선반에 내려 놓더니 칼로 고기갈비를 찍으며 잘랐다. 냄새는 돼지고기 같았다. 비닐봉지에 삶은 감자와 같이 담아 팔았다. 고기냄새가 차안에 가득 찼다. 이런 상황에 불만을 가진 사람은 나밖에 없는 것 같았다.

다음 정거장에서도 비닐 봉지에 음료수 파는 사람, 플라스틱 컵에 젤을 만들어 파는 사람과 간식거리들을 파는 사람들이 차례로 버스에 올랐다. 자리가 없어 비좁은 통로에 앉아 있는 사람들 사이를 비켜 다닌다. 그야말로 버스 안은 움직이는 시장이다. 이 나라는 휴게소가 아예 없어 버스 탄 사람이 속된 말로 좋은 어장인 셈이다. 볼일 보면 후회스러운 화장실도 차 안에 있다. 그래도 차는 앞으로 달려 주위 풍경이 달라지고 있었다. 해발 5천 미터 정도에서 생기는 설산이 가까이 보이는 걸 보니 깊은 안데스의 품으로 가고 있었다. 기암괴석과 계곡으로 흐르는 물줄기가 힘차보였다. 고갯마루

를 내려오자 좀 부유한 마을인가 싶더니 양을 도살하는 장면이 보였다. 놀라 자세히 보니 이곳저곳 여러 집에서 일상처럼 가족들이 둘러 앉아 양의 가죽을 벗기고 있었다. 붉은 피도 보였다. 양들은 더는 아름다운 안데스를 못 볼 것이다.

그리고 다음 정류장, 이번에는 나이 든 할머니가 알맹이가 우리나라 것보다 2~3배나 더 큰 옥수수와 콩 같은 걸 담아 팔았다. 신기하게도 겹치게 파는 물건은 하나도 없었다. 그들은 이미 알고 있었다. 그렇게 산 넘고 물을 건넜다. 산중턱에 계단식 밭들도 보였고 옥수수 따는 사람들, 벌목하는

사람들도 보였다. 농촌은 풍요로웠고 안데스의 품은 아늑했다.

오전 8시 반에 탔던 버스가 오후 3시 반이 되자 산과 밭은 점점 줄어들고 집과 시멘트 건물들이 많아졌다. 드디어 잉카의 심장, 꾸스꼬가 가까워진 것이다. 그 나라를 제대로 보려면 그 나라 서민들이 타는 버스를 타라는 말이 있다. 서민들이 타는 버스엔 모든 것이 녹아 있다. 꾸밀 수 없는 내밀한 삶의 이야기가 그대로 담겨있다.

생각해보면 8시간 버스 안이 나에게 불편함만 준 게 아니었다. 진짜 페루를 몸으로 느끼게 했다. 긴 하루였다. 아니 찐한 하루였다. 후유!

4월 30일

꾸스꼬, 잉카의 심장이 뛰고 있었다

새벽이다. 아직 태양빛이 숨어 있어 파란 하늘은 별들로 빛났다. 꾸스꼬는 남반구에 있는 하늘이라 그동안 우리나라에서 봤던 별자리와 달라서 낯설었다. 별들은 높아진 고도만큼 가까이에서 빤짝였다. 날이 밝아 오자 파란 하늘은 더욱 파래지고 티 없는 햇살은 산과 나무와 지붕 위에도 펴져갔다. 밤새 불빛으로 밝히던 삭사이와망 요새 옆의 예수상은 조명 대신 아침 햇살로 옷을 갈아입고 있었다.

미사를 보기 위해 서둘러 아르마스 광장으로 갔다. 벌써 성당은 사람들로 찼고 나 같은 여행객 한두 명이 보였다. 흰 피부색이 아닌 갈색의 예수상 앞에 섰다. 예수는 잉카 스타일의 흰색 치마를 입고 있었다. 안데스의 조물주 비라코차의 자리는 이렇게 하나님과 성모 마리아, 예수로 바뀌졌다. 비라코차의 상징인 태양신을 믿던 잉카인들은 그리스도의 세계관을 접목하였다. 그래서 예수의 피부색마저 바뀌였다. 십자가에 못 박힌 갈색의 예수상

은 말이 없고 예수상 앞에 눈물 흘리는 할머니는 신이 누구인가가 중요한 게 아닐 수 있다. 믿음은 결국 자기 안의 세계를 구체화하는 과정이란 생각이 들었다.

꾸스꼬의 거리를 걷다보면 말할 수 없는 그리움이 싹튼다. 삐뚤빼뚤하게 쌓아올린 돌 담벽과 흰색으로 여러 번 덧칠한 로레또 골목길은 수많은 도공들의 손길과 사람 냄새가 풍겨 난다. 황금의 궁전 꼬리깐차 신전 위에 다시

세워진 산또 도밍고 성당과 잉카의 10대 군주 우아이나 까팍의 궁전 위에 우뚝 선 라 꼼빠니아 데 헤수스 교회의 스페인식 건축물들을 볼 때면 상처 깊은 과거가 생각난다. 나는 기억에도 없는 그리움 때문에 아직도 꾸스꼬를 떠나지 못하고 있다. 얼마나 머물러야 이 그리움이 사라질까? 나보고 남미 최고의 여행지를 꼽으라면 주저 없이 꾸스꼬라고 말할 것이다. 원주민의 문화가 미미했던 다른 나라는 짝퉁 유럽이지만 꾸스꼬는 다르다. 탄탄한 잉카 제국의 문화에 유럽문화가 융합되어 잉카의 색깔를 더욱 돋보이게 한다.

특히 한낮이 되면 거리와 건물은 강한 밝음과 그림자로 일상에 감춰진 숨겨진 구석을 건드린다. 나는 이 거리 저 거리를 헤맨다. 갔던 길도 또 간다.

보이는 건 거의가 손때 묻은 유적이고 헤매일수록 더욱 정스럽다.

꾸스꼬 시내가 한눈에 내려다 보이는 거대한 돌들로 만든 삭사이우아망에 올랐다. 돌멩이와 나무 몽둥이로 무장한 잉카군과 총과 대포로 무장한 스페인의 철갑 기마부대는 처음부터 싸움이 되지 않았다. 현실과 마음은 늘 따로 논다. 거대한 자연석이 있는 껜꼬에서 동굴 속 미로를 걸었다. 미로 속엔 제단처럼 깎인 돌이 있었다. 산 위에서 흘러내리는 땀보마차이 물을 보고 붉은 요새 뿌까뿌까라에서 멀리 안데스 산맥을 굽어 보았다. 사라진 제국은 전설이 되고 아르마스광장에 스타벅스의 여신 세이렌도 초록색이 아니라 검은 무채색으로 변해있다. 맥도날드도 버거킹도 오래전 함께 있었던 상표처럼 꾸스꼬에 녹아있다. 그래서 꾸스꼬가 더 정스러운지도 모른다. 그래서 더 꾸스꼬답다. 나는 익숙한 스타벅스 커피로 매일 그리움을 달랜다.

5월 2일

나는
한국인이었다

꾸스꼬에서 마추픽추 가는 방법은 다양하다. 여행은 목적지에 빨리 도착하는 것이 중요한 게 아니라 과정과 돈도 소중하다. 그래서 꾸스꼬에서 비싼 기차를 타고 마추픽추역인 아구아스 깔리엔떼스까지 바로 가는 방법을 포기하고, 투어로 오얀따이땀보까지 가서 기차를 갈아타는 방법을 선택했다. 버스로 가는 비용과 비슷하고 성스러운 계곡과 삐삭, 오얀따이땀보 유적지를 투어할 수 있기 때문이었다. 고민 끝에 아르마스 광장에 있는 투어 에이전시에 투어랑 기차표, 마추픽추 입장권을 한꺼번에 의뢰를 했다. 분명 커미션은 없다고 했는데 기차표를 받고 보니 가격이 왕복 10달러 정도가 비쌌다. 그 정도는 이해를 했는데 문제는 마추픽추 입장권를 주기로 한 시간을 여러 번 어겼다. 다음날이 휴일 노동절인데 모르고 미룬 것이다. 몇 번이나 에이젼시를 찾아갔지만 떠나는 순간까지 표를 못 받아 독이 잔뜩 올랐다. 여긴 페루다! 라고 이해하며 꾹 참기로 했다.

페루는 관광 수입이 연간 20억 불 정도라 가이드의 위치가 대단하다. 자격증을 따려면 하늘에 별 따기 보다는 좀 쉽다고 한다. 그래서 가이드에 따라 좀 다르지만 대체로 프라이드가 세고 말이 많다. 꾸스꼬 시내투어를 할 때도 가이드가 버스 안에서도 떠들고 현지 유적지에서도 모아 놓고 떠들었다. 여행은 듣는 게 아니고 내가 보고 느끼는 것인데 가이드가 자기 말하는 데 취해서 시간을 다 까먹다 보니 막상 내 시간은 부족했다. 이번 꾸스꼬 근교 투어도 마찬가지였다. 나이가 있는 남자 가이드라 더 심했다. 이동하는 버스 안에서도 잠들만 하면 떠들었다. 삐삭 유적지를 갔을 때도 입구에서 한 번, 중간지점에서 한 번, 그리고 메인코스 시작지에서 또 한 번. 자료까지 보여 주면서 10~20분씩 설명했다. 그래도 가이드 체면을 봐서 이탈하지 않고 잘 따라 주었다. 생각보다 삐삭은 작은 마추픽추라 일컬어지는 곳이라 볼 것이 많았다. 외곽을 먼저 둘러보고 메인코스를 나중에 보기로 했다. 생각보다 외곽이 넓어서 시간이 많이 흘렀다. 메인 유적지에 오니 우리 일행들이 보이지 않았다. 아쉬웠지만 보는 걸 포기하고 빠른 걸음으로 버스로 갔다. 다행히 늦지는 않았다. 차에서 기다리는데 한참 늦게야 젊은 중국 여자 두 명이 도착했다. 그런데 가이드가 비웃으면서 코리언! 코리언! 이라며 망신을 주는 게 아닌가. 순간 나는 욱해서 소리 질렀다. 늦은 사람은 중국인이다. 내가 코리언이라고? 가이드도 실수했다고 생각이 들었는지 사과를 했다. 페루사람이 볼 때 중국, 일본, 한국사람은 구분하기 어렵다. 그렇다고 가이드가 여러 나라 사람 앞에서 한국인을 개망신 주는 건 참을 수 없었다.

곰곰이 생각해 봤다. 내가 너무 경솔했나? 그런데 또 문제가 생겼다. 에이전시가 점심 값을 식당에 미리 지불하지 않아서 나보고 돈을 다시 내고 밥을 먹으라고 한다. 속으로 이거 제대로 걸렸다 싶었다. 그래서 큰소리로 가이드보고 이건 가이드 일이니깐 해결하고 했다. 당황한 가이드가 핸드폰 붙잡고 설레발을 치더니 그냥 식사해도 된다고 했다. 밥도 먹고 싶지 않았다. 페루에서 이런 대접 받는 게 자존심이 상했다. 에이전시나 가이드의 일처리 수준이 한국에 비해 많이 떨어지는 주제에 그것도 한국 사람을 만만하게 보는 게 싫었다. 밥도 먹는 둥 마는 둥하고 아직 열지도 않는 버스 문 앞에 혼자 서서 기다리고 있었다. 나는 어쩔 수 없는 한국인이었다.

5월 3일

마추픽추여!

때론 말이 짐이 된다.
때론 글이 부질없다.
한줄기 지나가는 바람조차도 불필요할 때
우린 그걸 고요라고 한다.
안데스의 첩첩계곡과 눈이 시린 설산을 목이 아프게 쳐다보면
나는 잉카인의 신을 느낀다.
보는 이와 보이는 것이 똑같다면
그 순간은 나도 세상도 여여를 본 것이다.
마추픽추 앞에서면 누구나 할 말을 잊는다.
우아이나픽추보다 높은 마추픽추 산 정상을 힘들게 올라가며
뒤돌아 보고 또 봤던 마추픽추!
천상의 신처럼 살고픈 욕망은 100년도 못가 공든 탑 되어 쌓여있다.
마추픽추를 휘감고 지금도 흘러가는 우루밤바 강물은
그때를 기억하지 못한다.
헛되고 헛됨에 내 발길도 부질없다.
돌축대에 앉아 끝없는 인간의 욕망과 한없는 허망함에
신발 벗고 양말도 벗고 오후 햇살에 앉아있다.

5월 4일

잉카!
오얀따이땀보에서
몸부림을 치다

마추픽추에서 다시 열차를 타고 오얀따이땀보에 왔다. 높은 산 끝자락에 층층의 돌계단이 마치 성처럼 쌓아져 있고, 삐삭에서 출발한 우루밤바 강을 마주보고 있다. 가파른 계단을 힘겹게 올라 정상쯤에 이르니 40톤이 넘는 거대한 돌들이 이어져 버티고 서있다. 태양의 신전이다. 돌들은 마치 떡을 한 칼에 쓸어 놓은 듯 매끄럽게 다듬어져 있다. 신전 넘어 설산에는 오후 햇살이 흰 구름과 뒤섞여 눈부시게 빛나고 있었다.

1532년 피사로가 이끄는 168명의 스페인 군대와 8만 명의 잉카군의 전투는 잉카의 운명이 결정되는 순간이었다. 생전 처음 보는 말과 총칼 앞에 석기시대 수준의 잉카군은 추풍 낙엽처럼 쓰러졌다. 아따우알빠 황제는 인질로 잡혀 방 한 가득 금을 채우며 목숨을 구걸했지만 끝내 목이 졸려 처형되고 불에 태워졌다. 태양의 신이 사라지는 순간이었다. 이어 수도 꾸스꼬를 정복하고 꼭두각시 망꼬 잉까를 황제로 내세워 원주민들의 물건들을 노략

질하고 신전의 금, 은 장식물들을 떼어 갔다. 원래 스페인 침략자들은 무기를 든 기업가들이었다. 자신의 운명을 바꾸고자 자비로 무기를 마련하여 신세계로 온 개척자들이다. 칼이든 말이든 투자한 만큼 이윤이 분배되는 약탈자들이었다.

오얀따이땀보는 망꼬 잉까가 탈출하여 스페인에 대항한 근거지였다. 한때 스페인군은 수만 명의 잉카군과 싸우다 전멸당할 위기에 처했지만 전세를 뒤엎어 반격에 나섰다. 망꼬 잉까는 아마존 정글 속에 새 수도 빌까밤바를 건설하여 항전을 계속한다. "저항하라! 에스파냐인은 비라코차가 아니라 한낱 인간에 불과하다"고 외치며 항전을 시작한 지 36년 만에 잉카의 마지막 황제 뚜빡 아마루가 스페인군에 잡혀 처형되면서 잉카의 시대는 끝이 났다. 그당시 일부 성직자와 철학자들은 스페인의 잉카 정복은 부당하며, 잉카 통치자의 권리를 박탈할 수 없다고 주장하기도 했다. 하지만 잉카인들이 넓은 땅을 정복한 것에 비추어 잉카라고 해서 여러 부족들을 지배할 특권을 가진 것은 아니라는 주장에 밀렸다. 강자는 자기가 원하는 것을 할 수 있고, 약자는 당해야 할 것을 당할 수밖에 없다는 말이 어느 시대, 어느 곳이든 통하나 보다. 불행하게도 잉카 침략의 동업자 알마그로는 피사로의 동생에게 처형되고 피사로는 알마그로의 추종자들 칼에 죽는다. 잉카의 내분이 침략자들에게 이용되었듯이 목숨 걸고 이룩한 그들의 정복 또한 자신들의 내분으로 스페인 국왕의 몫으로 허망하게 돌아가고 만다. 역사는 개인의 삶보다 더 큰 흐름에 놓여 있는 것인가? 오얀따이땀보 망루에 서서 세상사는 일이 시들해지면 마추픽추에 가라는 말을 되뇌었다.

과야낄
갈라파고스
끼또

제6부

에콰도르

Ecuador

에콰도르 Ecuador

마지막으로 아껴두었던 산 끄리스또발 섬으로 갔다. 완전 대박! 물속의 세상은 또 하나의 세계였다. 혼자 헤엄쳐가는 거북이를 좇아 가봤다. 바다는 내가 사는 육지보다 더 여유있고 평화로웠다.

5월 8일

세상 속의 작은 세상 갈라파고스

우주의 나이는 150억 년에서 250억 년, 지구의 나이는 46억 년, 갈라파고스의 나이는 3~4백 만 년이다. 갈라파고스는 면적이 10km^2 이상인 주요 섬이 13개, 그 보다 작은 섬 6개, 430km 먼 바다까지 치면 족히 100여 개 이상의 섬들과 바위가 동태평양에 흩어져 있다. 이들 섬을 다 합치면 8천 km^2로 제주도보다 4.3배 크다. 현재 사람이 거주하는 섬은 이사벨라, 산띠아고, 산따 끄루스, 산 끄리스또발 4곳이다. 에콰도르의 과야낄 공항에서 1시간 반쯤 날아가니 눈 아래 섬들이 떠있다. 찰스 다윈의 진화론의 기원이 된 마법의 섬은 낯선 풍광과 설레임으로 나를 기다리고 있었다. 비행기가 산 끄리스또발 공항 활주로에 착륙하자 승객들은 환호했다. 갈색 땅과 검은색 바위 사이로 메마른 나무들이 듬성듬성하다. 신이 바위비를 내린 것처럼 한마디로 갈라파고스는 화산이 폭발하여 생긴 섬이다. 수백만 년 동안 용암이 주기적으로 심해의 지각을 뚫고 나와 섬이 된 것이다. 이는 불과 물의

만남이라 할 수 있다. 생명체들은 불과 용암으로 태워지고 매몰되었다. 구름이 생기고 비가 내려 두터운 토양층이 생겼고 생물들은 번성해졌다. 갈라파고스 섬들 중 가장 어리고 활동적인 섬은 페르난디나 섬이다. 이 섬의 나이는 70만 년이 채 안 되었는데 조사에 의하면 적어도 3만 년 전에야 수면 위로 올라 왔을 것으로 추정하고 있다.

지난 2천 년 동안 최소 25번의 폭발로 마그마가 화산호에 덧씌워지면서 해발 1.5km로 높아진 것이다. 이렇게 갈라파고스의 섬들은 수십 번씩의 폭발로 화산재가 쌓이고 쌓여 생긴 섬이다. 생명체는 화산 폭발과 폭발 사이에서 살아 남은 종들이다.

1,825년 새로운 물개 사냥 장소를 찾던 벤자민 모렐 선장은 페르난디나 화산의 폭발을 직접 목격하고 생생한 증언을 남겼다. "14일 월요일 오전 2시. 밤의 검은 망토는 벌써 거대한 태평양으로 퍼져나가 이웃한 섬들을 우리 눈 앞에서 덮고 있었다. 그리고 죽음의 침묵이 사방에서 우리를 지배하는 동안 우리의 귀는 하늘 위에서 터지는 1만 개의 천둥과 같은 엄청난 소리에 갑자기 공격받았다. 그 순간 반구 전체가 용감한 심장마저도 오싹하게 하는 무시무시한 섬광으로 밝아졌다. 나는 곧 10년 동안 고요히 자고 있던 페르난디나 섬의 화산 중에 하나가 쌓여 있던 분노를 쏟아내고 있음을 알아차렸다." 역사가 없는 땅은 행복하다는 중국 속담처럼 적어도 1,535년 2

월 벨랑가 파나마 주교가 최초로 갈라파고스에 상륙하기 전까지는 그랬다. 섬은 상업적인 포경선의 항구가 되면서 거북이는 인간의 맛있는 식용으로 사냥감이 되었고, 이구아나와 새들은 스포츠를 위해 곤봉에 맞았고 물개는 이윤을 위해 죽었다. 인간의 역사는 예측하기 힘든 자연 재앙보다 더 무섭게 갈라파고스를 황폐화시켰다.

지금도 갈라파고스 바로 아래엔 뜨거운 마그마가 과도한 압력을 받으며 약한 지반을 찾고 있다. 섬들도 이동하고 있다. 매년 4cm씩 나스카판은 남아메리카 대륙 쪽으로 질서정연하게 이동하고 있다. 느리지만 100만 년이 지나면 40km를 이동할 것이다. 지금의 해수면도 200만에서 300만 년 전 대빙하시대에 비해 120m 낮아졌다. 빙하가 녹아 바다 속으로 땅이 잠겨버린 것이다. 육지가 바다 속으로 잠긴 걸 생각한다면 갈라파고스도, 우리가 걷는 이 길도 언젠가 잃어버릴 세계가 될 것 같아 아득하다. 먹이를 찾아 힘차게 바다를 날고 있는 저 군함조도 언젠가 사라질 새가 될 것이다. 그러고 보면 인간의 삶만이 유한한 게 아니다.

5월 9일

다윈은 갈라파고스에서 신을 죽였다

"신이여! 우리는 정녕 어디에서 온 것입니까?… 당신의 창조물입니까? 아니면 자연의 선택물입니까?" 다윈은 '종의 기원'을 발표하면서 신에게 인간의 종의 기원에 대해 묻는다. 그는 케임브리지 대학에서 목사가 되기 위해 공부하던 중 식물학자이자 동물학자 헨슬로를 만나 자연에 대한 열망을 싹틔운다. 그의 추천으로 1,835년 9월 15일 다윈의 모든 관점의 기원이 된 갈라파고스에 닻을 내리고 심한 충격을 받았다. "어떤 것도 처음 모습보다 마음을 덜 끌 수는 없었다… 정점에 오른 태양이 비추는 빛으로 검은 바위는 뜨거워져 난로와도 같았고, 주변 대기가 몹시 무덥게 느껴졌다… 그 지역은 우리가 상상할 수 있는 문명화된 지역과는 확실히 비교되었다." 다윈은 가장 거친 순간에 돌로 굳어진 용암의 물길 위를 걸었다. 다윈은 이 땅이 고대의 것이 아니며 끊임없이 유동하여 날마다, 해마다 변화한다는 것을 깨닫기 시작했다. 다윈은 5주 동안 갈라파고스에 머물면서 그동안 과학계에 전혀 알려지지 않은 식물군과 동물군을 수집하였다.

충분한 침식으로 울창하게 우거진 초목이 있는 플로레아나 섬은 새로운 표본들이 풍부했다. 다윈은 그가 모을 수 있는 모든 것을 수집했다. 그의 호기심은 극에 달했다. 그 당시 다윈은 기독교인이자 창조론자였다. 따라서 그에게는 두 가지 가능성만이 존재했다. 하나는 신이 그들을 이곳에서 창조했거나 다른 하나는 이전에 창조된 것이 어딘가에서 이곳으로 도달했거나였다. 다윈은 생물들이 갈라파고스 외부에서 기원했다는 실마리를 찾기 위해 이곳의 표본과 남아메리카 대륙의 생물들 간의 유사점을 조사했다. 다윈은 갈라파고스 4개의 큰 섬에서 수집한 표본을 살펴보고 있었다. 그들은 깃털도 달라보였지만 가장 눈에 띄는 차이점은 부리의 형태였다. 부리는 먹이를 찾고 쪼고 껍질을 벗기기 위한 것으로 먹이를 먹는 방식의 진화가 이루어진 것이다. 당시 창조론자로서 다윈은 '종은 신에 의해 창조되어 자연 안에서 불변한다'고 믿었다. 하지만 다윈 앞에 놓인 새들의 표본이 서로 다른 종이라면? 그는 노트에 "이와 같은 사실은 종의 불변성을 위태롭게 할 것이다" 라고 적었다. 다윈에게 진화론은 사실이었다. 다른 섬에 다른 코끼리거북들이 존재하는 것처럼 작고 검은 새 다윈핀치도 각각의 섬에서 각각의 종들이 다르게 발견된 것이다. 격리된 섬에서 다른 조건들이 다른 형질을 나타나게 한 것이다. 다윈은 생존경쟁에서 죽는 것은 가장 약한 존재일 것이며 가장 강하고 가장 적합한 것이 살아남는다는 것을 깨달았다. 찰스 다윈은 갈라파고스에 온 지 24년이 지나서 1,859년 '자연선택에 의한 종의 기원에 관하여'를 발행한다. 이 책은 하루 아침에 센세이션을 불러 일으켰고 지구상의 생명에 대해 완전히 새로운 관점을 제시했다. "종은 영속하지 않으며, 지적 창조자의 완벽한 작업도 아니다. 한 형태에서 다른 형태로 끊임없이 변화할 뿐이다. 오늘날 우리가 보는 것은 경쟁에서 생존해 온 단순히 맹목적인 힘에 의해 선택된 순간적인 모습이다."

나는 외로운 야생 코끼리거북이 조지를 보기위해 산따 끄루스 섬의 다윈 연구소로 향했다. 적도의 태양은 따가웠고 구름은 없었다. 관광객을 위한 상점과 숙박시설들을 지나자 숲길이 보였다. 숲 사이로 수줍은 갈색 흙길을 따라가니 큰 선인장 잎이 땅 아래를 향해 있어 신비로웠다. 울타리와 검은 돌들 사이로 육지거북이가 보였다. 말 안장 같은 갑옷은 무겁고 더워 보였다. 느릿느릿 움직이는 거북이를 보면서 삔따 섬의 마지막 야생거북이 조지를 찾았다. 포스터나 티셔츠에서 보았던 조지는 없고 조그만 푯말이 대신했다. "2012년 6월 24일 조지는 사망했습니다."

5월 10일

맹그로브 숲 속의 새

누가 새가 운다고 했나?

이른 아침, 햇살처럼 가볍게 적도의 새는 웃고 있다.

무성한 잎새와 가지 사이

수줍은 아이같이 얼굴가리고 부비 부비 한창이다.

쪼로롱 쪽쪽쪽! 히히히힉! 찌찍쪽 ! 삐삐빅 삐리리!

바람에 담긴 적도의 새소리는

나무와 숲과 그 사이를 흐르는 날개달린 바람,

그리고 태양빛이 담아낸 하모니.

나무도 웃고, 숲도 웃고, 새도 웃고

결국, 나도 웃고.

맹그로브의 새는 문명의 사치를 말없이 벗기는

새벽의 여신 에오스다.

5월 12일

산 끄리스또발 킥커락 바닷속은 깊었다

남미로 떠나기 전에 방송국에 근무하는 선배를 만났다. 그는 술을 한 잔 하면 먼 하늘을 보며 "나는 남극의 장보고 기지와 달나라는 꼭 갈꺼야" 라고 말하곤 했다. 물론 그는 남미도 갈라파고스도 먼저 다녀왔다. 미지에 대한 열망 유전자가 넘친다. 갈라파고스에 가면 충분히 즐기고 오라는 선배의 말이 생각나 일주일을 갈라파고스에 머물렀다. 처음엔 플로레아나 섬에 가서 사육하는 육지 거북이와 블랙비치에서 스노쿨링을 했다. 다른 사람들은 바다거북이와 바다사자를 수없이 봤다는데 나는 스노쿨링이 처음이라 숨쉬기도 힘들었다.

다음 날도 쾌속정을 타고 2시간 넘게 달려 이사벨라 섬으로 갔다. 거센 스크류 물살 너머로 돌고래 떼가 따라왔다. 믿어지지 않았다. 바다는 현실 속의 스크린이었다. 선착장 여기저기 바다사자가 널브러져 있고 섬은 화이트비치를 배경으로 그림같이 펼쳐져 있었다. 섬투어를 하면서 갈라파고스

유일의 수원지도 보고 오래된 주거 동굴도 봤다. 점심을 먹고 드디어 바다로 갔다. 첫날처럼 실패하지 않으려고 구명조끼를 입었는데 방향을 잡지 못해 뿌연 바다물만 실컷봤다. 남들은 바다거북이를 봤다고 난리였다. 보트가 천천히 움직이자 덩치 큰 펠리칸이 떠 있는 배 갑판 위에서 날개를 접고 졸고 있고, 검은 바위 위엔 작은 펭귄이 파란발부비새와 바람을 즐기고 있었다. 가이드와 같이 아직 활동 중인 시에라 네그라 화산 가장자리로 갔다. 검은 이구아나 밭이다. 바위 색깔과 같았다. 상어 무리와 색깔이 특이한 물고기들이 놀고 있었다. 다음 날은 너무 피곤해서 빈둥거렸다. 문어와 소라 등을 살짝 삶아서 채소와 식초에 섞은 세비체에 맥주도 마셨다. 저녁에는 현지인들이 많이 찾는 키오스코 거리 야시장에서 돼지고기와 닭고기로 달밤도 즐겼다. 삶은 어디서나 조금은 즐겁고 조금은 진지했다. 그리고 조금은 게을렀다.

마지막으로 아껴두었던 산 끄리스또발 섬으로 갔다. 완전 대박! 물속의 세상은 또 하나의 세계였다. 혼자 헤엄쳐가는 거북이를 쫓아 가봤다. 바다

는 내가 사는 육지보다 더 여유있고 평화로웠다. 바다 한가운데 우뚝 솟은 킥커락으로 이동했다. 거대한 콘크리트 구조물같이 생겼다. 절벽 사이는 새들의 천국이었다. 바닷물은 깊고 시퍼렇게 넘실거렸다. 물고기를 절대 터치하지 말 것. 바위 가까이에 가지 말 것. 가이드를 따라 움직일 것. 무서워서 시키는 대로 했다. 바닷속은 물고기 떼와 상어가 유유히 헤엄쳐 다녔다.

가까이 다가와서 물 것 같아 겁이 났다. 터치하지 않고 서로 자기 갈 길만 가면 물속의 질서는 그대로다. 물고기 떼들이 몰려 오면 어쩔줄 몰라 피했다. 킥커락은 나같은 이방인은 개의치 않았다. 나는 티끌같은 작은 물고기였다. 있어도 없어도 달라질 것이 없는 미물이었다.

5월 15일

적도민박 송사장님께

좀 늦은 오후, 끼또공항에서 택시를 타고 블로그에 있는 적도민박을 찾았습니다. 미리 예약을 하지 않아 칠레 산띠아고 때처럼 새벽까지 헤맬까 두려웠습니다. 해발 2,850미터 높이에 있는 에콰도르 수도는 구불구불한 언덕길을 만들어 놓았습니다. 높은 안데스산은 태양을 빨리 숨겨 버리고는 구름을 산중턱 집 위에 걸쳐 놓았습니다. 낡은 건물은 어둠에 묻혀갔습니다. 적도민박! 낯익은 태극기가 보였습니다. 누군가를 기다렸던 사람처럼 사장님은 반겨주었습니다. 공항에서 미리 고기로 배를 채웠는데도 청경채로 손수 담근 김치와 쌀밥은 충분한 위로가 되었습니다. 완전 소울 푸드였습니다. 남미 여행 두 달 만에 처음이었습니다. 게스트하우스나 호텔을 찾지 않고 굳이 민박을 찾은 것도 우리 음식과 우리말을 하는 한국 사람이 그리웠기 때문이었습니다.

"별처럼 아름다운 사랑이여! 꿈처럼 행복했던 사랑이여!" 노래와 술은 새

벽녘까지 이어졌습니다. 노래방 노래 소리가 이웃들의 잠을 방해할까 염려되었습니다. 에콰도르 사람들은 옆집에서 노래 소리로 시끄러우면 자기가 가서 축하는 못해 줄 망정 방해하지 말아야 한다고 생각한답니다. 그들의 문화를 엿볼 수 있었습니다. 모처럼 전기장판에 누워 따뜻한 적도의 밤을 내 집같이 보냈습니다. 다음날은 끼또 구시가지의 황금 성당과 아르마스 광장의 대통령궁, 아직도 짓고 있는 백년 성당 가는 방법을 일일이 알려 주었습니다. 그리고 스페인 식민 시절에 세워진 적도 탑과 인띠냔 태양박물관도 알려 주었습니다. 남미 여행을 떠날 때 가능하면 한국 사람을 만나지 않도록 계획을 잡았습니다. 남미에 정말로 빠지고 싶었습니다. 기존의 틀을 바꿔보고 싶었습니다. 달라진 나를 보고 싶었습니다. 만나는 한국인들 속에서 내 모습을 보는 게 싫었고, 나 자신의 맘을 드러내 보이는 것도 싫었습니다. 하지만 여행은 나의 존재에 대해 새롭게 정의해 주고 내가 존재할 수 있는 방법을 찾게 해 주었습니다. 내 모습과 내 마음은 언제 어디에서나 나를 따라 다녔습니다. 세상은 세상을 바라보는 나의 존재로부터 비롯된다는 것을 깨달았습니다. 어쩌면 사람은 매순간 새롭게 태어나나 봅니다. 내가 여행을 통해 경험하게 된 것은 어떤 복음서를 읽는 것보다 더 확실하게 나의 영혼을 변화시켰습니다.

우리가 꿈속에서 꿈을 본다면 곧 깨어날 시간이 되었다고 합니다. 이제 남미 여행이 끝날 때가 가까워진 것 같습니다. 지친 마음과 몸을 쉬게 하고 정을 담아 일깨워 준 적도민박 송사장님께 감사를 보냅니다. 또 만날 수 있겠지요?

깐꾼
뚤룸 – 메리다
치첸잇싸
멕시코시티

제7부
멕시코
Mexico

멕시코 Mexico

떼오띠우아깐을 이은 아즈텍에서도 창조의 신을 켓살코아틀이라했고, 마야에서는 쿠쿨칸, 남아메리카의 잉카에서는 비라코차라 불렀다. 이름만 다를 뿐 피부가 희고 긴 수염을 기른 하늘의 신, 창조의 신이다.

5월 16일

불쾌한 멕시코 깐꾼 공항 검색

한 나라에 대한 인상은 대개 첫 대면하는 공항에서 결정된다. 공항 규모와 시설에서도 느껴지고 보딩 패스를 받으면서도 그 나라 사람들의 습성과 문화를 엿볼 수 있다. 그런데 멕시코 깐꾼 공황은 불쾌했다. 비행기 착륙 후 나오는데 트랩 중간에 마약견이 기다렸다. 침 흘리는 개가 끙끙대며 가방과 몸 구석구석의 냄새를 맡았다. 이어 트랩이 끝나는 지점에서 또 경찰이 기다렸다 몸을 수색했다. 멕시코가 미국 바로 밑에 위치해서 마약이나 매춘같은 미국의 쓰레기통 역할을 하고 미국에 가기 위한 불법 체류자들이 많다는 말을 들었던 생각이 났다. 짐 찾는 곳으로 갔다. 30분이 넘은 것 같은 데 짐이 나오지 않았다. 우리나라 공항은 짐이 참 빨리 나온다는 생각을 하며 기다렸다. 갑자기 쿵! 하고 컨테이너가 움직이는 소리가 나고 사람들의 함성이 터졌다. 근데 이건 무슨 시츄에이션! 비닐로 포장된 짐들은 다 찢겨져 있고 가방 커버는 헤집혀져 있었다. 내 배낭도 예외는 아니었다. 비

CoCo
BONGO
Show & Disco

닐로 싼 침낭은 속이 보이고 베낭 커버도 벗겨져 있었다. '이거 장난 아닌데' 하고 베낭을 메고 나오는데 엑스레이 검색대를 다시 통과시키고 닥치는 대고 승객을 잡아서 또 가방을 샅샅이 뒤지고 있었다. 의심나는 사람만 잡는 게 아니라 아예 검색 테이블을 짜악 깔아 놓았다. 너무 화가 나서 경찰에게 따졌다. 안전하게 도착했는데 왜 또 검색하느냐? 돌아오는 대답은 "Why not !" 비행기 도착하고 벌써 2시간 반. 시내버스는 벌써 끊겼다. 멕시코 경찰들은 폐쇄적이고 갇힌 사람들 같았다. 표정도 태도도 자신들을 방어하는 데 이용하는 것 같았고, 따뜻한 눈길 한 번 주지 않는 팽팽한 긴장감이 더 짜증나게 했다. 외부 세계가 그의 내부로 침입하는 것을 허용하지 않는 몸짓이었다. 멕시코인에게 나는 적이었고 침입자였다. 본능적으로 오래된 식민과 굴종의 상처가 지나친 존재 의지로 나타난 것일까? 멕시코 여행이 한가득 걱정으로 다가왔다.

5월 19일

파도와 바람 소리에 잠 못 드는 뚤룸의 밤

초승달도 구름에 가려 잠든 밤. 바다는 깊은 어둠에 잠겨있다. 바람은 어디선가 시작하여 쉼없이 불어 와 파도에 깎인 솜털처럼 가는 모래를 방갈로 창문에 밤새도록 실어 나른다.

밤이 깊을수록 파도는 더 세차게 밀려 들어 세상은 온통 파도소리와 바람 소리뿐이다. 자연은 때론 인간의 상념의 공간마저 침범하고 인간을 작은 자연으로 만들어 버릴 때가 있다.

여기 멕시코 카리브해의 뚤룸 해변은 때 묻지 않는 풍경과 신성한 자연의 정서가 가득하다. 그래서 겉치레와 껍질로 살아온 사람에겐 조용한 탈의의 순간으로 다가 올 수 있다.

자본주의의 끝을 보는 듯한 깐꾼에서 버스로 두 시간이면 또 다른 세상을 볼 수 있다.

깐꾼에 비해 에메랄드 해변은 작고 럭셔리한 호텔과 명품 쇼핑센터와 레스토랑이 없다. 하지만 머무르는 방갈로 초입까지 밀려오는 파도는 깐꾼 나이트 쇼걸의 몸매보다 섹시하다. 훌훌 벗어 던지고 바다의 품에 텀벙 뛰어들면 그 어떤 여자의 품보다 감미롭다. 단 하루만이라도 자연으로 살자. 자연처럼 단순하고 소박하고 수수하게 살자. 순수하게 해풍이 실어다준 자연의 순결한 초대장에 오늘 하루만이라도 응답하자. 내 삶을 자연과 똑같이 소박하게, 자연처럼 순결하게 꾸려가자. 새만 훨훨 날 수 있는 건 아니다.

5월 24일

치첸잇싸 신전에 장대비가 쏟아진다

정글 속에 감춰져 있는 치첸잇싸는 새 하얀 5월의 태양 아래 타고 있었다. 한낮의 퇴약볕에 메말라 버린 땅도 겹겹이 쌓아 놓은 돌들도 타고 있었다. 헐떡이는 공기엔 물기라고는 없고 뜨거운 열기만 들어 왔다. 가만히 있는 게 더 숨이 막혀 쿠쿨칸 피라미드 주변을 걸었다. 9세기 초에 건설된 쿠쿨칸 신전은 마야인들이 숭배했던 태양의 신전이다. 치첸잇싸 중앙에 둘레 55m, 높이 23m 크기로 4면으로 우뚝 솟아 있다. 마야의 달력이라 불리는 쿠쿨칸 피라미드는 한 면의 계단수가 91개로 4면을 곱하면 364개, 여기에 정상의 제단 하나를 더하여 365개로 태양력의 1년을 의미한다. 마야인들은 농경으로 사용하는 긴 주기 달력 365일과 제사용으로 쓰는 짧은 주기 달력 260일이 52년 만에 겹치는 1만 8,980일을 세상이 끝나는 한 주기로 보았다. 마야인들은 우주탄생 신화를 제1 태양기는 재규어에 의해 멸망되고, 제2 기는 바람, 제3 기와 4기는 불과 물에 의해 각각 멸망되었다고 믿었다.

마야인들은 제5 태양의 시대에 살고 있으며 주기가 다하는 2012년 12월 23일을 인류가 멸망한다고 믿었다. 그래서 이들은 끊임없이 살아 있는 인간의 심장과 피를 바쳤다. 태양신에게 힘을 보태어 태양의 시대를 연장하고 싶었던 것이다. 그들은 인신공양을 위해 다른 부족을 정복하고 포로는 제물이 되었다. 또한 운동경기를 통해 승자가 제물이 되었으며 그들은 이를 영광스럽게 받아들였다. 150m의 볼 경기장에서 제물로 바쳐진 자의 목에서 피가 흘러내리고 그 피가 7마리의 뱀이 되어 용솟음치는 장면도 보았다. 전쟁에서 죽인 적군과 인신공양에 쓰인 희생자들의 해골이 쌓인 쏨빤뜰리를 지날 때는 섬뜩한 기분이 들었다. 모르면 두렵고 두려우면 공포가 된다. 마야인들에게 인류 멸망이란 잘못된 진실은 공포를 낳았고 또 다른 사실 왜곡과 진실 왜곡을 낳았다. 인간은 죽음이 두려워 종교를 만들고, 인간이 두려워 사회를 만들었다는 말처럼 마야인은 죽음이 두려워 제물을 바치고, 그 제물의 희생을 통해 공포 정치로 묶였던 것이다. 어느 날 홀연히 사라져 버렸다는 마야의 문명! 뼈만 남은 돌기둥과 흩어진 신전의 잔해가 그 이유를 말해주는 것 같았다. 태양신에게 살아있는 심장을 바치고 비의 신 착에게 빌어본들 비는 내리지 않고 태양은 말이 없다. 발코니 위에 있는 높은 천문대도 자연의 섭리를 이길 수가 없었다.

인류의 문명은 대부분 강을 끼고 발달하였다. 중국의 황하문명이 그랬고 메소포타미아, 이집트, 인더스도 그랬다. 우리나라도 한강을 중심으로 삼국이 싸웠고 한강을 차지한 나라가 한반도를 지배했다. 강은 땅을 비옥하게 하고 먹을거리를 풍부하게 해준다. 마야는 강이 없는 밀림 속에서 태어났

다. 건축기술과 천문학이 발달했지만 마야문명은 결국 자연 앞에 굴복하고 만 것이다. 성스러운 샘이 있는 세노떼를 찾았다. 재규어랑 동물들을 조각해서 파는 노점상들의 호객을 무시하고 먼지 나는 길을 걸었다. 절벽 아래 움푹 파인 세노떼는 물이 메말라 있었다. 신이 마야를 버린 게 아니라 자연환경이 변한 것이다. 너무 더워 휴게소에서 물을 하나 사먹고 비라도 내려주길 바라면서 출입문 쪽으로 나왔다. 갑자기 하늘이 흐려지고 바람이 불고 흙먼지가 날렸다. 천둥과 비가 쏟아 졌다. 믿어지지가 않았다. 빗줄기 사이로 하늘도 보이지 않았다. 많은 관광객들은 물에 빠진 생쥐처럼 비에 젖었다. 비의 신 착의 응답이었다.

5월 28일

신들의 나라 떼오띠우아깐

감정도 메말라갔다. 오랜 여행은 호기심뿐 아니라 모든 걸 심드렁하게 했다. 더울 것 같아 반바지에 슬리퍼를 신고 최대한 가볍게 하고 버스를 탔다. 떼오띠우아깐은 넓은 평야 지대에 있었다. 멀리서 보기엔 거대한 돌무덤처럼 보였다. 먼저 켓살코아틀 신전으로 갔다. 계단으로 쌓아 올린 피라미드 신전 정면에는 깃털 달린 뱀의 흰 얼굴이 위협적으로 튀어나와 있었다. 켓살코아틀이었다. 떼오띠우아깐을 이은 아즈텍에서도 창조의 신을 켓살코아틀이라했고, 마야에서는 쿠쿨칸, 남아메리카의 잉카에서는 비라코차라 불렀다. 이름만 다를 뿐 피부가 희고 긴 수염을 기른 하늘의 신, 창조의 신이다. 피라미드 좌우로는 조개껍데기와 고동이 짝을 이루고 있었다. 이는 물의 숭배를 표현한 것이고 빗방울 모양처럼 생긴 비의 신 틀랄록도 기하학적으로 조각되어 있었다. 이곳 중앙 아메리카는 올멕 문명을 시작으로 크게 카리브해 지역의 유카탄 반도의 마야문명과 떼오띠우아깐 문명과 아즈텍

문명으로 나눠졌다. 이들은 옥수수 경작이나 제사달력, 공놀이, 인신공양, 태양신화 등으로 서로 영향을 주고 받으며 계승했다.

죽은 자의 길을 지나 태양의 피라미드로 갔다. 얼핏 보아도 이집트의 피라미드보단 작아 보였다. 이집트 피라미드는 걷거나 낙타를 타고 주변을 구경하고 지하 무덤들을 볼 수 있다. 하지만 이곳 태양의 피라미드는 계단을 직접 걸어서 올라갈 수 있다. 흙과 돌로 쌓아 올린 250개의 계단을 올라 65m의 신전 꼭대기에 힘겹게 올랐다. 정상은 평평하고 넓었다. 멀리 광활한 평원을 지나 산들이 보이고, 유적지 북쪽 끝의 달의 피라미드와 제사장의 집인 켓살파팔로틀 궁전도 보였다. 밤낮의 길이가 같아지는 춘분과 추분 때는 태양은 정확하게 태양의 피라미드 위에 떠 있다고 한다. 나는 다른 사람들을 따라 작은 철심이 박혀 있는 피라미드 정중앙에 손가락을 대고 태양의 기를 받았다. 여행을 오기 전에 보았던 영화의 장면들이 떠올랐다. 잔뜩 겁먹은 포로가 계단으로 질질 끌려 신전 꼭대기에 오르면 마취도 하지 않고 흑요석으로 만든 칼로 가슴을 도려낸다. 펄떡거리는 심장을 꺼내 태양신에게 바치는 것이다. 신전 꼭대기는 피로 물들고 신전 아래 모인 군중들은 흥분한다. 대규모 의식행사는 죽은 자와 산자가 하나로 뒤섞인다. 죽음은 끝이 아니라 새로운 삶의 통로다. 자신으로 되돌아가는 것이 아니라 완전히 벗어나서 새롭게 거듭나는 것이다. 그들의 전설처럼 죽어서 이곳에 묻힌 왕들은 사라지지 않고 신이 되었을까? 그들의 믿음처럼 살아 있는 사람의 피와 심장이 태양에게 힘을 보태어 인류가 아직 멸망하지 않는 걸까? 인간의 삶과 죽음의 의미도, 신의 모습과 종교의 형태도 인간의 사고와 생각에서 비롯된다. 우리가 신을 만든 것이다. 신은 인간의 가치체계와 의식수준을 넘지 못하며, 신도 인간의 의식과 문명의 발달만큼 성숙하고 변해왔다는 생각이 들었다. 생각을 스치듯 신전 위에 부는 바람이 어디에서 와서 어디로 가는지 그 시작과 끝을 알 수 없기에 나는 살아 갈 수 있는 것이다.

5월 29일

멕시코의 멸망은 우연인가? 신의 계시인가?

언젠가 돌아오겠다는 말을 남기고 동쪽으로 떠났던 하늘의 신이 돌아 왔다. 흰 피부에 긴 수염을 기른, 말을 타고 온 스페인군은 그들이 믿어 왔던 신의 모습이었다. 그렇게 받아들이지 않았다면 몇 백 명의 스페인군에게 멕시코도 잉카도 무너지지 않았을 것이다. 어이없는 믿음은 슬픈 역사의 시작이 된 것이다. 그들의 신이 그들을 배반한 것이다.

주말이 되면 중남미 땅에서 가장 큰 멕시코 시티의 소깔로 광장은 시장으로 변했다. 전통 공예품 좌판이 깔리고 북적이는 인파와 먹거리는 역동적이지만 어딘가 원초적인 멕시코의 분위기를 한눈에 보기에 충분했다.

둥둥둥 북소리가 울리고 연기가 피어 올랐다. 아즈텍의 후예들이었다. 아메리카 대륙 최대 규모의 성당 까떼드랄 옆에서 머리에는 화려한 깃털로 장식하고 몸에는 문신과 기이한 장신구들을 달고 북소리에 맞춰 위협적인 동작을 하고 있었다. 풀 같은 걸 태워 사람들의 몸을 정화하듯 연기를 쐬어주

고 있었다. 나도 하고 싶었다. 하지만 그들의 광기어린 눈빛과 이방인에 대한 경계의 몸짓은 사진 찍기도 힘들게 했다. 뒤에는 상수도공사를 하면서 발견된 아즈텍의 중앙 신전인 마요르 신전이 허물어진 채로 언덕처럼 보였다. 까떼드랄 대성당은 아즈텍의 태양의 신전을 부수고 그 위에 세워졌고 마요르 신전의 돌로 지어졌다. 이곳에서 출토한 착몰의 석상과 뱀머리상, 중앙제단의 해골 조각 등이 마요르 신전 박물관에 전시되어 있다. 오른쪽으로 걸어 나와 1810년 아달고 신부가 멕시코의 독립의 종을 울렸던 국립궁전으로 갔다. 하지만 광장의 천막 데모로 입장이 불가했다. 300년 동안 스페

PALACIO DE BELLAS ARTES

인의 지배를 받고 1821년 독립한 후로 40년 동안 무려 50번의 정권이 교체되고 35번의 군사 쿠데타가 일어났다. 이후 멕시코는 10년 동안 혁명을 거치면서 중남미 최고의 경제국으로 일어나고 있다. 식민과 독립의 역사의 파도는 밀물과 썰물의 순간에도 이어 온 것 같았다.

국영 전당포 금은방 사이에 있는 마데로 거리를 10분 정도 걸어서 황금지붕이 빛나는 예술궁전으로 갔다. 멕시코 벽화의 거장인 디에고 리베라 작품 등을 보고 맞은편의 화려한 유럽풍의 중앙우체국 건물도 눈에 담았다. 포플러가 울창한 알라메다 공원을 지나 국립인류학 박물관으로 갔다. 마야의 우주관을 보여 주는 생명의 나무가 보였다. 새 삶을 얻기 전에 통과하는 은하수 길을 상징하는 생명의 나무엔 스페인과 원주민의 혼혈 메스티조가 자리잡고 있었다. 스페인의 식민은 남미의 새로운 역사도 만들었지만 새로운 인종들을 낳았다. 독특한 전통문화와 융합하여 또 다른 멕시코의 얼굴이 된 것이다. "1521년 8월 13일 콰우테목이 용감하게 방어했지만 틀라텔롤코는 코르테스에게 함락되었다. 하지만 이 사건은 승리도 패배도 아니었다. 그것은 오늘날 멕시코인 메스티조 국가의 고통스런 탄생이었다." 스페인군에게 대항하여 최후의 전투가 벌어진 제 3문화광장에 세워진 비문이 한낮의 태양을 받고 뜨겁게 달궈지고 있었다.

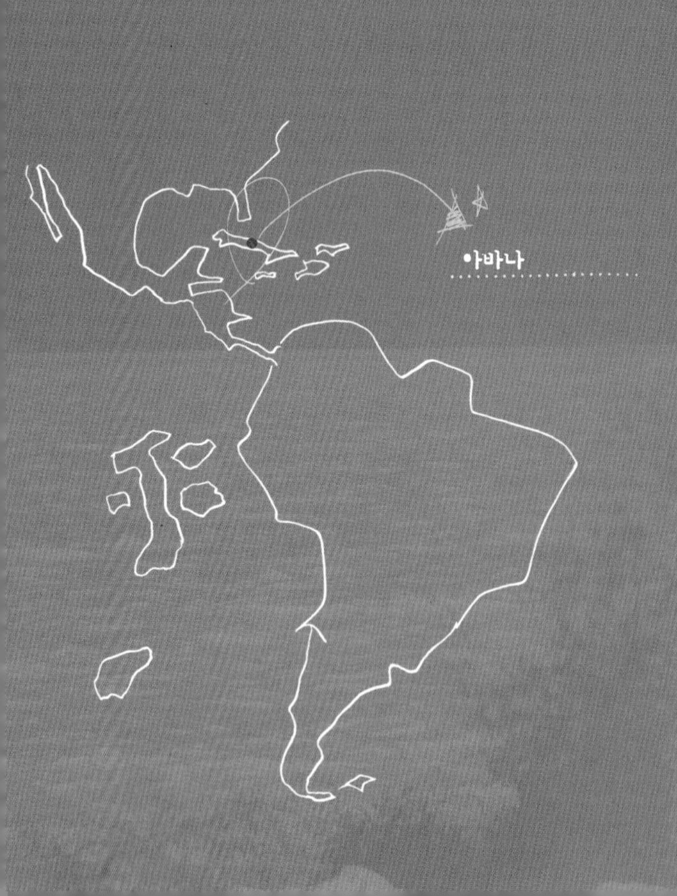
아바나

제8부

쿠바

Cuba

쿠바 Cuba

안데스의 경치는 아름다웠고, 삶은 쓰라렸다. 정말로 인간은 꿈의 세계에서 내려오는 걸까?
체가 죽은 지 45년, 쿠바인들은 그를 사랑하지만 체의 심장처럼 뜨겁지는 않아 보였다.

5월 21일

보고 싶다!
체 게바라

"우리 모두 리얼리스트가 되자. 그러나 우리의 가슴 속에 불가능한 꿈을 가지자" 사르트르가 이 시대의 가장 완전한 인간이라고 했던 체 게바라를 만나고 싶었다. 아니 느끼고 싶었다. 쿠바의 독립투사 호세마르띠 기념탑을 바라보는 내무성 건물벽에서, 거리의 빛바랜 벽화에서, 오래된 잡지의 표지에서가 아니라 쿠바의 삶 속에서 만나고 싶었다. 하지만 관광객이 넘치는 아르마스 광장과 산 프란시스코 광장으로 가는 거리에는 짝퉁 부에나비스타 소셜클럽의 음악이 흘러 나오고 혁명가 체 게바라는 낡은 표지 모델로 그저 추억이 되어 있었다. 체 게바라를 흉내라도 내고 싶어서 대성당 모퉁이 가게에서 그가 썼던 별 달린 베레모를 3천 원 정도 주고 샀다. 머리 속이 땀으로 흥건한데도 검은 모자를 쓰고 길을 다녔다. 외국 관광객들은 관심 밖이고 쿠바인 중에 수염 기른 특이한 노인이 기념 촬영을 요청했다. 바닷가 말레꼰에서 만난 젊은 이들은 '체! 체!' 하며 반겼다. 그들에게 체는 친

근한 친구 같은 존재였다. 위대한 혁명가의 무게와 거리감은 없어 보였다. 체는 조국 아르헨티나에서 의사의 길을 버리고 남의 나라 쿠바의 혁명을 위해 목숨을 걸었다. 카스토로와 생과 사를 오가는 험난한 게릴라전을 통해 마침내 1959년 남미 최초로 쿠바 산따 끌라라에서 혁명의 깃발을 꽂는다.

가자
새벽을 여는 뜨거운 가슴의 선지자들이여
감춰지고 버려진 오솔길 따라
그대가 그토록 사랑해 마지않는 인민을 해방시키려
세상 모든 처녀림에 동요를 일으키는

토지개혁, 정의, 빵, 자유를 외치는
그대의 목소리 사방에 울려 퍼질 때
그대 곁에서 하나된 목소리로
우리 그곳에 있으리.

압제에 항거하는 의로운 임무가 끝날 때까지
그대 곁에서 최후의 싸움을 기다리며
우리 그곳에 있으리.

아무리 험한 불길이 우리의 여정을 가로막아도
단지 우리에겐
아메리카 역사의 한편으로 사라진 게릴라들의 뼈를 감싸줄
쿠바인의 눈물로 지은 수의 한 벌뿐.

체의 목표는 남미 해방과 통일이었다. 쿠바혁명 후 국립은행 총재직을 미련 없이 버리고 과테말라, 콩고, 볼리비아 혁명을 위해 다시 뛰어 들었다. 마지막으로 볼리비아 밀림 속에서 게릴라로 활동하다가 체포되어 1967년 10월 9일 39세의 나이로 총살 당한다. 그는 눈을 뜬 채로 죽었다.

이런 체의 삶은 남미 신대륙 정복자의 길을 따라 간 여행을 통해 만들어졌다. 우리에게 알려진 '모터사이클 다이어리'영화처럼 낡은 오토바이 한대로 선배랑 시작한 8개월 동안의 남미 5개국의 여행이 단지 여행으로 끝나지 않았다. 전사 그리스도의 삶이 된 것이다. 체는 도보와 히치하이킹, 밀항으로 힘들게 여행하면서 아름다운 경치에 넋을 놓았고 척박한 남미의 현실에 충격을 받았던 것이다. 특히 칠레 추끼까마따 구리 광산의 노동자들의 착취 현장은 체의 삶을 송두리째 바꿔 버렸다. 안데스의 경치는 아름다웠고, 삶은 쓰라렸다. 정말로 인간은 꿈의 세계에서 내려오는 걸까? 체가 죽은 지 45년, 쿠바인들은 그를 사랑하지만 체의 심장처럼 뜨겁지는 않아 보였다.

5월 22일

쿠바를 사랑한 헤밍웨이

Cuba

"그는 생각했다. 난 언제건 아바나의 불빛으로 되돌아 갈 수 있으니까. 해가 지기까지도 두 시간의 여유가 있다. 그렇지 않다면 아마 달과 별이 떠오를 지도 모르고 그렇게도 안한다면 내일 아침 해가 뜰 때까진 올라오리라." 산띠아고 노인은 고기잡이였다. 아바나가 보이는 카리브해의 물고기가 그의 친구이자 형제였다. 깊이 내려간 다랑어 낚시 밥에 걸린 물고기와 이틀 밤낮 사투를 벌이면서 그는 생각한다. "인간은 패배하기 위해 태어난 것이 아니야. 인간은 파괴해서 죽을 순 있지만 패배할 순 없어." 노인은 의지와 희망을 잃지 않았다. 다랑어 밑밥으로 백 미터 물 속에서 18피트나 되는 상어를 잡았다. 그러나 노인의 낚싯줄에 걸려 있는 상어를 맨 처음엔 마코 상어가 먹었다. 마코 상어는 썩은 고기를 먹지 않는 고상한 상어다. 두 번째는 돼지 같은 외톨이 삽코였다. 세 번째는 닥치는 대로 찌꺼기까지 먹어 치우는 밉살스러운 갈라노 상어 두 마리가 다시 먹어 치웠다. 마지막엔 떼를 지어 몰려왔다. 앙상한 뼈만 남았다. "패배하고 나면 모든 게 쉬워져. 난 이렇게 쉬운 걸 몰랐었지. 그런데 무엇이 내게 패배를 줬지." 그는 생각했다. "무엇도 아니야." 그는 소리 내어 말했다. "내가 너무 멀리 갔던 거야." 헤밍웨이가 생전에 라 보데기따에서 즐겨 마셨다는 모히또 한잔을 시켰다. 너무 멀리만 가려 하는 내가 보였다. 럼주와 허브향에 취해갔다.

LA BODEGUITA
DEL MEDIO
CARGUE
CON SU
PESAO
EL COSARIO

5월 23일

아! 쿠바

호세 마르띠 공항 카페에 앉아 마지막 쿠바 커피를 마시고 있다. 시내 비에하광장에서 사탕수수로 만든 럼주를 넣은 맑고 깊은 커피 맛을 잊지 않기 위해서다. 아바나에서 보낸 3박 4일은 여름날 쏟아진 소나기에 우산 없이 흠뻑 젖어버린 기분이었다. 옷 속을 타고 내리는 빗물이 어이없지만 일탈의 기분과 꼬집어 말할 수 없는 짜릿한 전율을 주는 그런 경험이었다. 원래 여행은 떠나야 하는 숙명이 전제된 것이라 떠날 시간이 되면 마음은 벌써 다음 여행지의 그림을 그리게 된다. 하지만 쿠바는 시간이 갈수록 가슴을 내어 주게 되는 마력이 있다. 처음 공항에서 입국심사를 받을 때 퇴짜 맞고 뭘 하라는 건지 몰라 두려웠던 순간과 천둥과 번개로 공항의 전등불이 꺼졌을 때의 불안감 같은 건 쿠바의 매력을 감할 수 없었다. 시내 민박집 까사를 찾아 헤매는 골목길에는 땟국물 나는 검은 아이들이 놀고 있고, 폐허 같은 테라스에는 혁명정부의 낡은 깃발처럼 헤진 옷가지들이 펄럭였다. 국회

의사당으로 썼던 까삐똘리오 건물 앞 대로에는 중세시대에 어울릴 만한 마차와 내 나이 보다 더 먹은 멋진 올드 카와 자전거, 택시가 섞여 다닌다. 낡은 유럽풍의 석조 건물들은 보수를 하지 않아 때 묻은 대로, 깨진 대로 500년의 세월을 그대로 간직한 채 가난한 쿠바 사람들의 삶의 공간이 되고 있다. 그냥 세월의 흔적으로만 남아 있는 것이 아니라 지금 사람들과 같이 살고 있는 것이다. 몇 백 년이 지난 성당이나 교회에서 예배를 보고 세월에 망가진 건물에서 럼주를 마시고 함께 노래 부르고 춤도 추고….

그래서 쿠바의 삶을 외롭지 않아 보였다. 물질은 부족하지만 감정과 정서가 충분했고 서로 나누고 있었다. 쿠바의 원주민은 스페인에 반란을 일으키다 죽고 유럽인과 함께 건너 온 질병으로 거의 전멸되었다.

지금은 노예로 끌려온 아프리카 흑인들과 스페인계가 만든 혼혈이 대부분이다. 모두가 뿌리와 고향을 잃은 셈이다. 술과 노래는 자연스러운 결과인지 모른다. 흑인 특유의 리듬감과 다감한 감정은 거리 곳곳에서 튀어 나온다. 특히 동양인들에게 관심이 많다. 그냥 지나치지 않는다. 처음엔 무섭고 귀찮았다. 하지만 며칠 지내다 보니 그게 관심의 표현이란 걸 알았다. 시내 오비스뽀 거리를 걷다보면 이방인이라는 걸 느끼지 못한다. 품어 나오는 따뜻한 사람 냄새로 외롭거나 소외감을 주지 않는다. 진정한 혁명의 얼굴은 물질의 분배가 아니라 인간이 향유할 수 있는 감정의 분배라는 생각이 들었다. 갖은 것 버려도 인간애만 넉넉하다면 우린 혁명의 강을 또 넘을 수 있지 않을까? 어제와 오늘과 내일이 같은 나라 쿠바는 떠도는 영혼의 고향 같은 곳, 마음 둘 곳 없어 찾아 다니는 여행자의 종착역, 이 지구에 쿠바가 있어 행복하다.

HABANA
HFX 145

제1부

페루

Peru

페루 Peru

미라 플로레스의 밤바다를 구경하면서 걸희 형은 지금 생각보다 즐겁지 않다고 말했다. 그러면 어떻게 해야 할까? 내가 대답했다. 우리가 이곳에서 하려고 했던 것을 해야지. 히치하이킹과 고생.

여행 3일째
PERU

남미의 꿈,
남미의 현실

리마는 서로 다른 두 도시로 이루어져 있다. 잿빛의 도시, 매연의 도시, 셔터의 도시, 쓰레기의 도시, 새까만 얼굴의 쪼그라든 사람들의 도시, 부서진 공공기물의 도시, 불편함의 도시가 그 하나이고, 다국적 레스토랑 체인의 도시, 호텔과 외국인 관광객의 도시, 백화점과 대형 전자상가의 도시, 밤거리의 낭만이 살아있는 도시가 다른 하나이다. 같은 공간에 두 도시가 공존한다. 전자는 센뜨로 리마, 후자는 미라 플로레스다.

미라 플로레스의 밤바다를 구경하면서 걸희 형은 지금 생각보다 즐겁지 않다고 말했다. 그러면 어떻게 해야 할까? 내가 대답했다. 우리가 이곳에서 하려고 했던 것을 해야지. 히치하이킹과 고생.

'절박함'에 대해서 고민했다. 이대로 60일짜리 '배낭여행'이 될 것인가, 아니면 '모험'이 될 것인가. 이대로 여행을 계속하다간 '모험'을 시작하지도 못한 채, 안전

한 울타리의 보호를 받으면서 적당히 흥미롭고 적당히 고생하는 '배낭여행'으로 끝나버릴 것만 같은 위기감을 느꼈다. 나부터가 울타리 밖으로 뛰쳐나갈 자신이 없었다. 그리고 팀 사람들도 지금 당장은 그것에 만족하고 있는 것처럼 보였다. 그러나 우리가 진심으로 모험을 바란다면, 이 여행을 60일 후 모두가 만족할 만한 경험으로 만들기 위해 진지하게 고민해야 했다.

결론은 다음과 같다. 말이 안 통하는 외국에 있다는 사실에 내 스스로 너무 겁을 먹었다. 우리가 처음 하려던 여행을 생각해보라. 소연은 한국에서 다음과 같은 기발한 발상을 했다. 외국을 외국이라 생각하지 않는 것이다. 많은 젊은이들이 서울에서 부산까지 무전여행을 하듯 마음을 편히 가지고 일단 걸어보는 것이다. 겁을 먹었기 때문에 우리 스스로를 안전한 울타리 안에 가둔 것이 것이다. 자, 이제부터 시작이다!

Peru

PISCO
CITY BIKE

여행 3일째
PERU

리마를 히치하이킹으로 떠나다

모두가 리마를 떠나길 바랐다. 더 이상 이 도시에서 기대할 것이 없으며 끝없이 암울해지기만 한다고 말했다. 그래서 이날 아침, 숙소 주인 이바라 아줌마에게 꾸스꼬로 가는 도로를 만나려면 어떻게 해야 하는지 물었다. 그녀는 버스를 타라고 했다. 우리는 히치하이킹을 한다고 했다. 그녀는 히치하이킹보다 버스가 훨씬 편리하고 값도 더 저렴하다고 했다. 왜냐하면 페루에서 히치하이킹을 하려면 때로는 버스보다 높은 요금을 지불해야 하기 때문이다! 히치하이킹이 불가능하냐고 물었다. 불가능하지 않다고 했다. 그래도 버스가 낫다는 것이다. 그럼에도 굳이 히치하이킹을 하려면 해안을 따라 남쪽으로 내려가는 고속도로를 타고 삐스꼬로 가야한다고 말했다.

이바라 아줌마와 헤어지기 전, 산 마르띤 광장에서 경찰들을 만났을 때도 그들은 버스를 타거나 비행기를 타라고 했다. 히치하이킹이 우리 여행의 목표라고 말하면 되는 것을, 무슨 이유에서인지 우리는 '돈이 없어서' 히치하이킹을 '해야만'

한다고 말했다. 그러자 경찰들은, 돈이 없으면 아빠한테 돈을 부쳐달라고 전화하라고 했다. 그러면서 요즘 히치하이킹을 하려면 돈을 내야한다, 히치하이킹으로 여행하던 낭만적인 시절은 이미 옛날이라고 말했다.

이바라 아줌마가 소개해준 대로 고속도로 입구에 내렸다. 육교를 넘는 데 다니엘이라는 소년이 따라붙었다. 어디로 가느냐, 삐스꼬로 간다. 그러면 나를 따라와라, 차를 태워주겠다. 처음에는 차를 태워준다길래 생각보다 히치하이킹이 쉽게 성공했다며 좋아했다. 그런데 알고 보니 버스 회사로 데려다주는 것이었다. 깨달았을 때는 이미 늦었다. 이미 우리 앞에는 버스 회사 관계자가 나타났다. 우리가 절대 버스는 원하지 않는다고 말해도 그는 우리를 이해하지 못했다.

"버스를 원하지 않아요."

"그러면 삐스꼬까지는 무슨 수로 갈 건데?"

"달리는 차를 잡을 거에요."

"웃기지 마. 버스 타. 싸게 해줄게."

"버스는 원하지 않는다니까요."

"지나가던 차를 잡는 건 불가능해. 싸게 해준다니까? 얼마를 원해?"

이런 식의 대화가 끝없이 계속되었다. 마음이 흔들렸다. 불가능하다고? 과연 히치하이킹을 해서 목적지까지 갈 수 있을까? 현지 사람들이 이토록 불가능하다고 하는데? 그때 우린 모두 마음이 약해져 있었다. 그때 소연이가 말했다.

"하기로 했으면 해요. 버스 타는 건 우리가 원하는 게 아니잖아요."

걸희 형도 일단 해보자는 의견을 밀어붙였다. 두 사람의 말은 내게 엄청난 심적 압박이 되었다. 그래서 우리는 도로로 나섰다. "Pisco/Turistas de Corea(삐

스꼬/한국에서 온 여행자들)"이라고 매직으로 쓴 종이를 머리 위로 들어올렸다. 그러나 낯부끄러운 마음에 자꾸만 얼굴 앞으로 내리게 되었다. 달리는 차마다 우릴 쳐다보며 웃거나, 우리 뒤에 있는 버스 회사를 가리키며 지나가버릴 뿐이었다.

그때, 화물트럭 한 대가 우리 앞에 섰다.

루이스와 헤수스.

우리가 하는 일이 모험(아벤뚜라aventura!)이라고 말해준 그들은 남쪽으로 계속 달려 산 끌레멘떼라는 작은 마을에 우리를 내려주고는 유유히 사라졌다. 이곳에서 길은 꾸스꼬 방향과 나스까 방향으로 나뉘었다. 우리가 보답으로 한 지출은 담배 두 갑뿐. 차에서 흘러나오는 살사 음악을 들으며, 콘크리트 냄새 나는 해안가 사막을 시속 80km로 달리다 보니, '우리의 지친 영혼과도 같은 리마를 떠나' 드디어 라틴아메리카로 들어가는 기분이었다.

이곳 산 끌레멘떼는 짓다만 벽돌집들의 마을이었다. 동산 위에서 십자가가 마을을 굽어보고 있었고, 지나가던 개들이 우리를 쳐다봤다. 짐을 풀고 다 같이 바닷가 쪽으로 산책을 나갔다. 생각보다 바다가 멀리 있다는 사실을 깨닫고 돌아오는 길에 십자가 대신 길쭉한 깔때기 모양의 상징을 단 교회에서 잘생기고 친절해 보이는 신도 둘을 만나 전화방이 어디 있는지 물었다. 한 명은 눈이 파란 백인이었다. 그들은 친절하게도 우리를 직접 전화방까지 안내해주었다.

그러나 이처럼 낙후된 마을에서 백인은 존재 자체만으로 위화감을 풍기고 있었다. 그리고 온통 짓다만 벽돌집뿐인 흙색 마을에 십자가 없는 초현대식 교회라니. 게다가 교회 이름도 수상했다. '종말과 어쩌구의 교회' 반면 영어를 잘하는 소

연은 스페인어 밖에 통하지 않는 세계에서 영어가 통하는 사람들을 만난 것이 기쁘기만 한 듯했다.

"소연아, 이 사람들 좀 수상한 것 같아."

"왜? 여긴 교회잖아."

근데 교회에 십자가가 아니라 이상한 원뿔이 달려있잖아.

그들은 우리를 쉽게 떠나려하질 않았다. 처음에 나는 굳은 표정으로 그들을 대하다가 혹시라도 이들이 해를 끼칠까 두려운 마음에 억지로 웃어보였다.

그러고부터 기분이 매우 좋지 않았다. 자신감을 상실했던 것이다. 말이 안 통하는 낯선 사람들 사이에서 무방비 상태로 내던져진 것 같은 기분이었다. 그들이

우리를 실제로 어떻게 생각하는지 어떻게 알겠는가. 서툰 스페인어, 손짓, 발짓으로 말하는 우리 앞에서 겉으로는 친절한 척하다가도 돌아서면 자기들끼리 우리가 못 알아듣는 말로 험담이나 음모를 쑥덕거릴지 알 수 없는 일이다.

여행 4일째

PERU

기름차 위의 별 헤는 밤

아침 일찍, 산 끌레멘떼를 '관광'하기로 했다. 소연은 바닷가로 떠났고 나와 형들은 마을학교를 방문했다.

교실 문에서 턱걸이를 하며 힘자랑하는 남자 애들도 있었고, 흙바닥에서 구슬치기 하는 꼬맹이들도 있었다. 녀석들은 내기 돈까지 걸고 놀았다. 우리에게 가장 적극적인 관심을 표현한 것은 짓궂은 여학생들이었다. 우리는 선심성 '보니따(bonita 예쁘다)!'를 연발했다. 그렇게 학교 전체의 지대한 관심을 모았다. 사진을 많이 찍었을 뿐만 아니라 많이 찍혔다.

12시. 배낭을 짊어 메고 무작정 출발했다. 죽은 동물들의 도로, 길 위에는 다양한 동물들이 육포가 되어 있었다. 쥐, 개, 기타 등등. 몇 번의 히치하이킹을 거쳐 마침내 아야꾸초로 향하는 석유 운반 트럭 기름통 위에 앉았다. 아야꾸초는 꾸스꼬로 이어지는 안데스 비포장도로의 초입을 지키는 도시다.

트럭을 잡기 전까지 배낭은 무거웠고 차 한 대 없는 도로는 길을 걷는 여행자들의 마음을 막막하게 했다. 지금 떠올려보면 그때의 기억은 흐려지고 뒤죽박죽 섞여버렸다. 도로 양옆의 농촌 풍경. '아야꾸초는 멀고도 멀어서, 걸어 가면 며칠은 걸릴 건데'하며 혀를 차던 사람들. 귤을 몇 개 쥐어주던 청년들과, 그걸 보고 봉지째 귤을 건네던 아주머니. 나무판자를 이어 만든 짐칸에 자전거와 함께 실려 신나하던 우리들 모습. 그리고 '너흰 이제 곧 안데스로 들어설 것이다'라고 근엄하게 알려주던 봉우리. 감격. 그 길은 앞으로 우리가 남미의 길 위에서 맞이하게 될 인상과 감정들을 서투르지만 적나라하게 버무려놓은 곳이었다.

이날 일기에는 다음과 같이 적혀 있다.

석유 트럭의 기름통 위에 앉아 드디어 안데스로 들어가다.

탁 트인 골짜기와 쏟아지는 태양. 붉은 산들 사이로 지나가며 우리는 난간 너머로 펼쳐지는 풍경을 하염없이 바라보았다.

갑자기 차가 섰다. 운전자가 나와서 기름통 위는 어떠냐고 물었다. 우리는 좋아 죽겠다고 대답했다. 새벽에야 도착할텐데 밤이 되면 몹시 춥다고 했으나 우린 침낭을 들어 보이며 상관없다고 말했다. 추위 따위는 지금 우리가 즐기는 이 낭만을 방해할 수 없다는 뜻이었다. 그것은 물론 밤이 되면 이곳 안데스가 얼마나 추운지 알지 못했기 때문이기도 했지만.

해가 지고 찬바람이 불기 시작하면서 고통이 시작되었다. 낭만의 시간은 짧았고, 고통의 시간은 길었다. 고통에 대한 한 가지 위안은 머리 위의 밤하늘이었다. 태어나서 한 번도 본 적 없는 은하수를 그곳에서 보았다. 흔들리는 기름통 위에

누워 은하수를 보고 있자니 지구 역시 저 별들 사이에 떠 있는 또 하나의 별이라는 사실이 느껴졌다. 그 순간, 나는 단지 지구 위에 있는 게 아니었다. 나는 우주 속의 지구 위에 있었다.

밤 8시 반, 고개에 위치한 작은 식당에서 저녁을 먹었다. 우리 위가 작아진 게 분명해. 아침이나 점심 식사를 제대로 하지 않았음에도 불구하고 금방 배가 불러버렸다. 처음 마시는 마떼 차는 풀잎을 끓인 맛이었다. 생각보다 특별하지 않았다. 걸희 형은 어지럽고 속이 불편하다고 했다. 나도 기름통 위에 누워있으면서 숨이 제대로 쉬어지지 않아서 위협을 느꼈다. 이대로 숨을 못 쉬어서 죽는 것은 아닐까. 덤으로 머리도 어지러웠다. 이런 것이 고산병일까. 고산병에 좋다는 마떼를 계속 들이켰다.

저녁을 먹고 몸이 아픈 걸희 형은 운전자들과 같이 좌석에 앉았다. 그리고 우리는 또 다시 기름통 위로 올라갔다. 셋이 꼭 붙었다. 소연은 금방 잠이 들었고, 나는 입이 돌아갈 수 있으니까 바닥에 얼굴을 대지 말라고, 얼어 죽을 수 있으니까 잠들지 말라고 소리쳤다.

그러나 소연은 결국 꿋꿋이 잠이 들었다. 지원 형과 이런저런 대화를 하고 있는데 트럭이 멈췄다. 운전자들은 밖으로 나와 트럭을 이리저리 살펴보고 있었다. 밤하늘의 별들 사이에 떠있던 나는, 갑자기 낯선 두 명의 남자와 함께 말 그대로 빛 한점 없는 컴컴한 길 위로 내려왔다. 나는 무서워졌고 그들에게 "무슨 일이야?"라고 물었으나 그들은 "아무것도 아냐"라고 대답할 뿐이었다. 걸희 형을 불렀으나 대답이 없었다.

“걸희 형이 이미 제압당했어!”

우린 소연을 깨워 만일의 사태에 대비하려 했으나 모든 것은 기우에 불과했다. 그들은 할 일을 마치자 마자 곧 가던 길을 계속 갔다.

남은 한 시간 동안 잠이 들었다. 차가 멈추자 우리는 아야꾸초에 있었다. 나중에 걸희 형이 말하길, 멀리서 반짝이는 아야꾸초를 보는 것은 감격이었다고 했다. 운전자들은 어느 오스뻬다헤(hospedaje 호스텔보다 한 급 낮은 숙소) 앞에 우리를 내려주었다. 그들과 사진을 찍고 방을 잡았다. 우리는 온몸에서 기름 냄새를 풍겼다.

GOBIERNO REGIONAL APURIMAC
CUSCO
LIMA
RESTAURANT
"EL CHINO"
Expreso los Chankas

여행 5일째
PERU

꾸스꼬 가는 길

아침을 해결하자마자 꾸스꼬 가는 길의 입구를 찾았다. 일찍 출발할수록 더 많이 갈 수 있다고 생각했기 때문이었다. 바퀴 세 개 달린 택시를 타고 무조건 도로 입구로 가달라고 말했다. 내리자마자 우리는 아연실색했다. 흙먼지 날리는 이 초라한 시골길이 꾸스꼬로 이어지는 도로의 '입구'라는 사실이 믿기지 않았다. 우리는 진짜 여기가 맞느냐고 재차 물었고 결국 여기가 입구라는 사실을 받아들일 수밖에 없었다.

그래서 일단 걸었다. 그러나 뙤약볕 아래서 무거운 배낭을 메고 걷는 것이 쉬운 일은 아니었다. 나는 배낭에서 책과 청바지를 꺼내 길 위에 버리려고까지 했다. 변변한 나무 한 그루 서 있지 않은 산, 주변은 온통 태양빛을 닮은 흙색이었다.

한 시간 동안 걷다가 경찰을 만났다. 경찰은 걸어서는 절대 꾸스꼬까지 갈 수 없다고 했다. 그러더니 지나가던 트럭을 잡아 우리를 태워주었다. 나무판자를 이

어붙인 짐칸에 올라타니 세 명의 아이들이 있었다. 덕분에 가는 길이 심심하지 않았다. 대신 못하는 스페인어로 아이들과 대화하느라 진이 다 빠져버리긴 했지만.

그네들의 마을인 끼꾸또에 도착해 가족과 작별 인사를 했다. 나름 기대했지만 그들은 물 한 모금도 대접해주지 않았다. 트럭이 흙길 위를 덜컹거리며 달리는 바람에 배낭, 외투, 머리카락, 눈썹 할 것 없이 짐칸 위의 모든 것들이 하얀 흙먼지를 뒤집어썼다. 우리는 다시 배낭을 짊어지고 길을 걸었다. 길은 평지를 따라 흐르다가 산 아래를 향해 곧게 뻗었다.

달이 뜨고, 안데스에 밤이 찾아왔다. 한적했던 시골 풍경은 밤이 되자마자 사물들을 구별할 수 없는 어둠 그 자체가 되어버렸다. 그때 술 취한 남자 한 명이 길을 따라 헐레벌떡 뛰어 내려왔다. 그는 우리를 붙잡고, 윗 마을은 위험하니 어서 산아래 자기 마을로 내려가자며 서둘렀다. 그러면서 빵빵 총 쏘는 흉내, 강제로 물건을 빼앗아 가는 흉내를 냈다. 평화롭던 안데스 풍경이 문득, 어디선가 우릴 조준하고 있는 총구를 숨긴 풍경이 되었다.

그때 윗마을로 올라가는 트럭을 만났다. 사정을 설명하자 트럭에 탄 사람들은 이 남자가 자기네 친구이고, 그를 따라 가면 안전하다고 말해주었다. 하지만 우린 윗마을 교회에서 자고 싶었고 우릴 그곳까지 태워달라고 부탁했다. 짐칸에 이미 타고 있던 주민들의 시선을 받으며 두려움에 오그라들어있던 마음을 달랬다.

그런데 그들은 우릴 교회가 아니라 교회 옆에 있는 자기들의 집으로 데려갔다. 어둠 속 깊이 위험을 숨기고 있는 밤. 모닥불이 타는 따뜻한 부엌에 쭈그리고 앉아 사람들의 웃음소리에 둘러싸여 저녁을 먹었다. 그곳은 일반 가정집이 아니라

감자 농사를 짓는 사람과 그가 고용한 일꾼들이 함께 사는 집이었다. 그들은 식사를 하면서 한국에 대해 이런 저런 질문들을 했다. 우리는 아마 그들 평생에 처음 본 치노(chino 중국인이라는 뜻이나 동아시아인을 통틀어 치노라고 한다.)였을 것이다.

아꼬꾸로의 흙바닥 위에서 아침을 맞았다. 우리는 창고 바닥에 깔린 양털가죽 위에서 텐트를 치고 불편한 잠을 청했다. 텐트의 크기 때문에 3인 이상은 잘 수가 없어 지원 형이 밖에서 잤다. 눈을 뜨고 텐트 문을 열자 바깥의 찬 공기가 텐트 속으로 침입했다. 형이 밤새 많이 추웠겠다는 생각이 들었다. 나중에 들어보니 살면서 가장 추운 밤이었다고 했다. 아침 식사 시간, 다시 어젯밤의 부엌에 둘러앉았다. 질긴 고기가 뼈째 들어있는 스프를 떠먹으며, 한 손에는 까맣게 그을린 고기를 들고 입으로 뜯었다.

어제 저녁 걸었던 길을 다시 내려가던 중, 안다우아일라스로 향하는 이층 버스를 만났다. 버스는 당연히 히치하이킹을 해주지 않을 거라고 생각했지만 일단 손을 흔들어봤다. 버스가 섰다. 차장이 내려서 요금을 요구했다. 우리는 돈이 없다고 말했다.(물론 히치하이킹만으로 여행하려는 욕심 때문에 지어낸 거짓말이었다.) 그러면 할 수 없지. 그는 문을 닫았고 버스는 떠났다. 그런데 저만치 내려가던 버스가 다시 섰다. 차장이 내려서 우리한테 손짓을 했다.

우리는 환호성이라도 질러야 될 것 같은 마음으로 버스를 향해 내달렸다. 좌석은 이미 다 찼고 우리는 뒷문으로 통하는 계단에 앉았다. 문틈으로 계속 흙먼지가 들어오고 유리창을 관통하는 햇살은 실내를 덥혔다. 나랑 소연은 목이 많이 말랐다. 그런데 우리가 있던 자리 바로 앞좌석의 남매가 우리한테 빵을 주는 것

이 아닌가. 빵은 고마웠지만 목이 더 말라졌다. 그들이 들고 있던 귤이 바로 우리가 원하던 것이었는데! 결국 귤을 하나만 달라고 부탁했고 그들은 우리 네 명한테 각각 귤 하나씩을 주었다. 고맙습니다.

안데스의 비포장 길. 어른 세 명이 양팔을 벌린 너비보다 좁을 것 같은 길을 따라 버스는 이리 기우뚱 저리 기우뚱하며 아슬아슬하게 산을 넘고 또 넘었다. 오른쪽으로 보이는 건 절벽과 저 아래 굽이치는 강물. 심지어 마주 오는 버스와 옆으로 스치기도 했는데 그때는 천 길 낭떠러지 아래로 곤두박질칠지도 모른다는 생각에 식은땀이 흘렀다. 사람들의 시선은 온통 창밖으로 향했고 바퀴가 밟고 지나가는 허공과 땅의 경계에 온 신경이 집중되었다. 조금이라도 위험하다싶으면 사람들이 창문을 두들겼다. 마침내 두 버스가 안전하게 지나치자 옆자리의 아주머니가 나와 눈을 마주치며 웃음을 터뜨렸다. 나도 웃었다. 왜 죽음의 위험을 넘기자 웃음이 나오는 걸까.

해가 지기 전, 안다우아일라스에 도착했다. 안다우아일라스는 안데스가 숨기고 있는 도시다. 길과 길 사이에 걸친 도시. 도시를 들어가는 길도 나오는 길도 이쪽 길 아니면 저쪽 길 뿐이다.

저녁을 먹으러 피자 가게에 갔다. 담배를 피러 잠깐 밖으로 나왔는데 소연이 '굉장히' 행복하지 않다고 말했다. 소연의 그 말 때문에 나도 불행했다.

이날 밤, 팀 사람들과 대화의 시간을 가졌다.

지원 형은 이 여행을 통해 삶을 살아가는 데 필요한 자신감을 얻으려 했다고 말했다. 그런데 나와 소연에 대한 의존도가 높아지면서 자신감이 오히려 상실된

다고 했다. 나는 팀 안에서 유일하게 스페인어를 조금 할 줄 알았고 소연은 계획을 세우거나 돈을 관리하는 능력이 뛰어나기 때문이었다. 꼭 히치하이킹이나 얻어 자기가 아니더라도 낯선 환경에서 혼자 힘으로 무엇인가 해내는 경험을 하고 싶다고 말했다.

비포장 길 3일째.

안다우아일라스에서 아방까이 가는 길은 비센떼 아저씨의 트럭 운전석에서 지났다. 우리는 그에게 '앙헬(angel 천사)'이라는 별명을 붙여주었다. 우리를 배려하는 그의 마음씨가 천사라는 이름에 걸맞았던 것이다.

하지만 처음부터 그의 트럭에 올라탔던 것은 아니었다. 여러 번의 히치하이킹

Peru

끝에 우린 아방까이로 간다는 음료수 운반 트럭을 탈 수 있었다. 그러나 콜라, 환타, 스프라이트 등의 음료를 가득 실은 짐칸은 천막으로 덮여있었고 우린 그 아래에서 종이박스를 깔고 누워서 남은 시간을 견뎌야 했다.

결국 걸희 형이 나가자고 했다. 안 그래도 어둠 속에 누워있는 동안 지나가는 바퀴소리가 계속 들렸기 때문이다. 그래서 우린 '에잇'하며 열린 문으로 나와 버렸다. 그러나 차들이 바로 나타나진 않았다. 이대로 오늘밤 안에 아방까이에 못 가면, 음료수 차에서 뛰쳐나온 것을 후회할 것 같았다. 바로 그때, 앙헬을 만난 것이다.

길가에 나와 구걸을 하거나, 바위 몇 개로 찻길을 막아놓고 감자를 파는 아이들을 보면서 안데스 주민들의 삶이 대단히 팍팍하다는 사실을 알 수 있었다. 그때마다 앙헬은 갖고 있던 귤을 아이들한테 던져주었다.

아방까이 가는 길에 밤이 내렸다. 광막한 대지, 하늘이나 바다가 아닌 땅에도 '무한'이라는 말을 쓸 수 있다는 사실을 처음 알았다. 어둡고 깊은 안데스, 점점이 박힌 불빛들은 길가의 외딴 벽돌집을 비추는 가로등이거나 우리처럼 아방까이로 향하는 차들의 전조등인데, 마치 별처럼 보였다.

마침내 산과 하늘의 경계가 사라지고 멀리 시야에 들어온 아방까이는 허공에 떠있는 은하수, 또는 우주 도시처럼 반짝였다. 안데스 깊숙이 이리 휘고 저리 휜 길을 따라 떠도는 앙헬의 트럭은 우주도시로 항해하는 배, 또는 은하철도처럼 느껴졌다.

아방까이에 가족이 있는 앙헬은 지금 집으로 가는 길이다. 우리에게 아방까이

는 멀고 먼 여정의 중간 목적지일 뿐이다. 내게 아방까이는 하룻밤 스쳐지나가는 도시에 불과하다. 문득 집이 그립다. 지금까지는 스스로 나그네 체질이라 믿어왔는데 이러한 종류의 스쳐지나감이 마음을 씁쓸하게 한다.

비포장 길 4일째.

아방까이를 나오던 길에 시위대를 만났다. 어째서 사람들이 이처럼 대규모 시위를 벌이는지 알 수 없었다. 우리가 들은 명분은 '삶의 비용'이 지나치게 올랐기 때문이라는 것 뿐. 한국에서도 지금 이 순간 미국 쇠고기 수입과 신자유주의 정책에 반대하는 시위가 한창일 것이다. 이곳의 시위가 예사로 보이지 않았다. 그리고 이들의 사정이 궁금했다.

총파업에 동참하지 않는 상점에는 시위대가 돌을 던진다고 했다. 그래서 가게의 문들이 죄다 닫혀 있었던 것이다. 시위대 분위기는 한국이나 이곳이나 다르지 않았다. 젊은 남자들은 물론 여자들, 특히 나이 든 여자들도 참여하여 흥겨운 축제의 분위기를 내고 있었다. 우리가 시위대 옆을 지나가자 그들은 '치노'를 외치며 함께하자고 손짓했다.

리차드의 트럭을 타고 네 시간 남짓 포장길을 따라 달리자, 저 멀리 접시 모양의 분지와 경사진 땅을 따라 빨간 기와지붕들이 낮게 깔린 꾸스꼬가 모습을 드러냈다. 감격스럽다고만 표현하기에는 거짓말 같다. 그러나 분명 우리가 다가감에 따라 도시는 점점 더 커지고 그럴수록 마음 안에서 벅차오르는 무엇인가가 있었다. 왜일까? 갖은 고생 끝에 도착했기 때문일까? 아니면, 그저 눈에 보이는 저 도시가 바로 꾸스꼬이기 때문일까?

꾸스꼬의 여행자 거리를 따라 올라가다가 한 숙소에 짐을 풀었다. 꾸스꼬에선 길을 따라 올라갈수록 숙박비가 싸진다. 숙소는 경사를 따라 지은 집이었다. 그래서 우리가 묵은 방은 지하층이었음에도 창문이 꾸스꼬의 야경을 통째로 담고 있었다. 어둠이 내린 꾸스꼬는 한낮의 푸른 하늘 밑에서 늙어가는 옛 도시의 모습을 벗어던지고 찬란하게 빛을 발했다.

지상 층의 바(낮에는 식당이 된다!)에서 맥주 두병과 담배 한 갑, 와인 두 잔과 함께 대화의 시간을 가졌다. 내가 이곳에서 경험하고 싶은 것은 절박함이라고, 난처한 상황으로 나를 몰아세우는 것이라고 밝혔다. 그리고 나의 이러한 꿈이 단 한 번도 공유된 적이 없다는 사실을 깨달았다. 모두의 것이라고 여겼던 꿈이 알고 보니 나 혼자만의 꿈이었다니, 당혹스럽다.

화려한 쇼윈도, 거리를 따라 늘어선 상점들 사이로 소비의 욕망이 분출한다. '재밌는 도시'란 사고 싶은 것이 많은 도시를 뜻한다.

PARTIDO NACIONALIST
PERUANO
BASE MARGEN

여행 10일째
PERU

꾸스꼬

화정을 만나기로 한 날, 약속한 시간에 사람들과 다 같이 아르마스 광장 분수대 앞에 나갔다.

"앗, 화정이다!"

걸희 형이 외쳤을 때, 나와 소연이는 분수대 앞에 드러누워 태양빛을 즐기고 있었다.

화정은 리마 공항에 내려서 국내선 비행기를 타고 꾸스꼬에 온 것이었다.

처음으로 다섯 명이 다 같이 모여 저녁을 먹으러 갔다. 광장 주변의 골목들을 걸으며 식당을 찾았다. 각자가 시내를 관광하면서 찜해놓은 중국음식점을! 평소 같으면 꿈도 못 꿀 사치였다.

허기 때문에 그토록 예민해진 것은 처음이었다. 마침내 찾아낸 중국음식점에서 만두 스프를 한입 떠 입에 넣는 순간 행복을 느꼈다. 오랜만에 포식을 했다. 한 끼 먹는 데 70솔(약 2만 3천원)을 쓰다니!

다 같이 술을 마시러 가는데 문득 혼자 있고 싶어졌다. 따로 서점을 기웃거리다가 시집 한 권을 사고, 옷가게에서 스웨터를 구입했다. 지금 내가 갖고 있는 옷들과, 앞으로 더 높은 지대로 올라가면서 맞이하게 될 추위를 따져보았을 때, 매우 합리적인 소비였다.

혼자 있는 시간은 잘 다듬어진 자유의 느낌을 주었다. 그러나 돈 한 푼 없는 외톨이 신세가 되어도 지금처럼 즐거울까? 어떤 식으로든 사람들과 관계를 맺지 않으면 얻어먹거나 얻어 자는 일도 불가능해질 것이다. 결국 '혼자되어 누리는 자유'는 어디까지나 돈이라는 보호막이 있기 때문에 가능한 것이 아닐까?

다음날 우리는 마추픽추 트레킹 투어 신청을 위해 여행사를 찾았다. 우리가 그토록 꿈꾸어 온 마추픽추를 '투어'라는 흔하고 안전한 수단으로 가기에는 아쉽다는 의견이 팀에서 제기되었다. 이때껏 해왔듯이 마추픽추도 걷고 히치하이킹해서 가자는 것, 특히 소연과 화정이 투어에 대해서 거부감을 느꼈다. 그러나 지원 형은 첫 해외여행이었다. 보통의 배낭여행에서 경험할 법한 느낌들을 동경하고 있었다. 광장 벤치에 앉은 채 오랫동안 이야기를 나눴고, 우리는 결국 투어를 하기로 결정했다.

Mirador
HOSTAL
CU$CO?

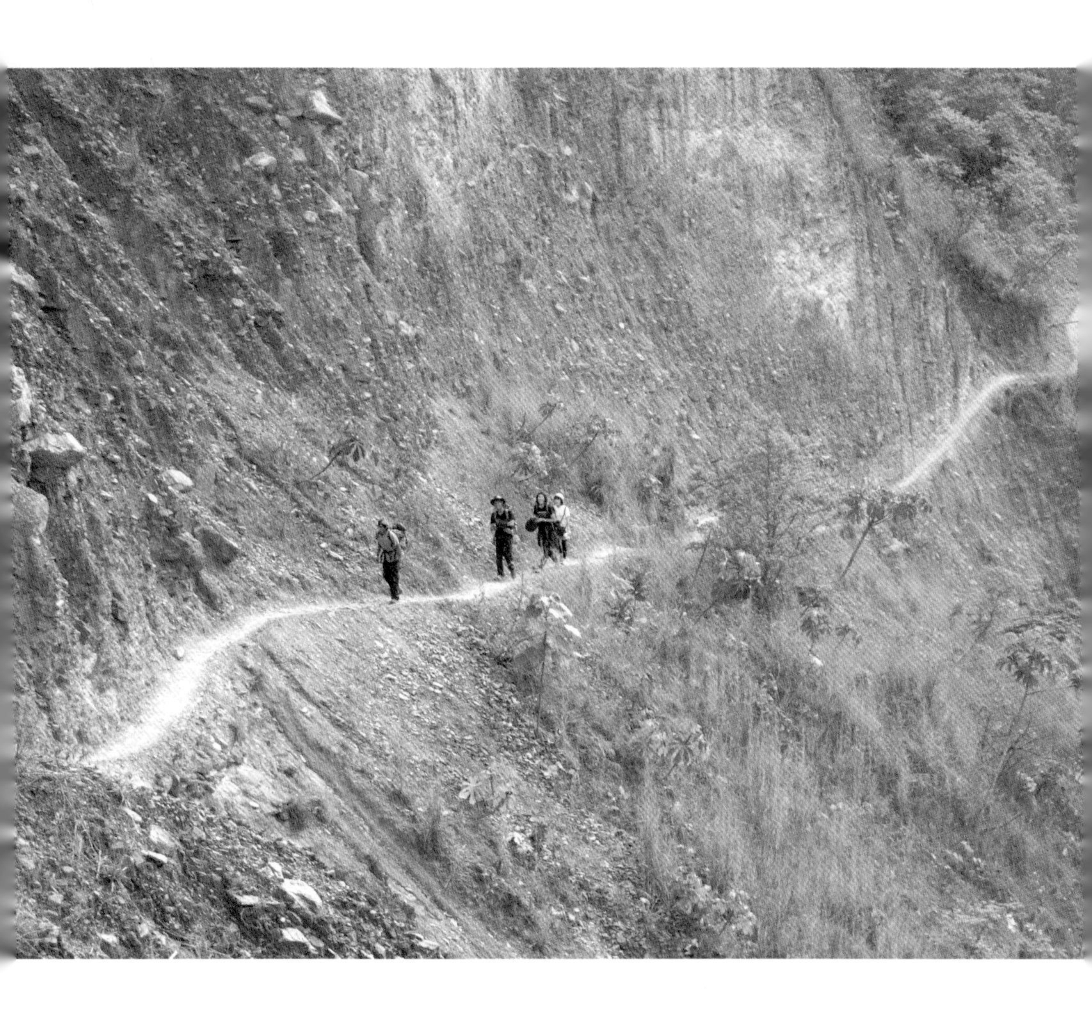

여행 12일째
PERU

마추픽추 가는 길

아침 일찍 숙소 앞으로 가이드 제이시가 마중을 나왔다. 투어를 함께할 사람들을 만나 미니버스를 탔다. 꾸스꼬를 떠나는 길목의 작은 유적 마을 오얀따이땀보를 거쳐 산을 올랐다.

삭사이와망을 관광한 어제부터 화끈한 무엇을 바라고 있다. 돈을 아껴 쓰며 적당한 고생을 계속하는 것이 지루하게 느껴졌다. 누군가 농담처럼 제안했듯 꾸스꼬에서 화끈하게 돈을 탕진한 다음 무전여행을 시작한다면 어떨까.

고개 정상에 도착했을 때, 버스에서 내렸다. 지금부터 산 아래 마을 산따 마리아까지 자전거로 달린다. 포장도로가 깔린 안데스를 내리달렸다. '전 세계의 유명한 산들마다 찾아다니며 자전거로 내리막길을 타는 사람들의 모임을 만들어볼까' 라는 생각을 했다. 물론 전 세계의 아찔한 스키장을 찾아다니는 취미만큼이나 사

치스럽긴 하다. 포장길은 오래 가지 않았다. 곧이어 비포장 길이 나타났고, 경사가 완만해지면서 고통이 시작되었다.

길섶의 모래둔덕에 바퀴가 미끄러져 넘어졌을 때, 숲에서 죠니가 뛰어나왔다. 같이 가던 소연은 이미 간 데 없고, 고통을 나눌 사람이 없다는 사실에 서글퍼하고 있었기 때문에 죠니는 큰 위안이 되었다. 이제 막 변성기가 시작된 열 몇 살의 죠니는 쌍꺼풀 없는 찢어진 눈과 크고 오똑한 코를 갖고 있었다. 그는 길 가장자리의 둔덕을 조심하라고 말했다. 그리고 안녕.

하비에르는 처음에 내 자전거에 관심을 갖더니 다음에는 장갑, 그리고 모자까지 달라고 졸랐다. 맹랑한 꼬맹이, 내가 자기 말을 못 알아듣는다고 자전거를 발로 차며 화를 냈다. 나도 지지 않으려고 뻔뻔하게 굴었다. 그럼 네가 멘 가방을 달라고 말했던 것이다. 어디서 왔냐길래 한국에서 왔다니까 자기도 '거기서' 살았단다. 녀석은 배가 똥똥하고 옷이 지저분했다. 그리고 하는 말이 자기는 불쌍하니까 돈을 달란다.

"공부하고 일을 해야지."

"#@%@%#$%@#$@$!$!!"

마침 호주머니에 챙겨두었던 과자를 꺼내 나눠 먹었다.

그러고나자 그는 내게 볼일이 끝났다는 듯, 갑작스레 작별을 고하고는 숲속으로 사라져 버렸다.

마침내 산따 마리아 호스텔 앞에 도착했고 미리 와 있던 소연이 나를 반갑게 맞아주었다. 이미 도착해 있던 다른 외국인들이 박수를 쳐주는데 기분이 매우 좋았다. 곧이어 걸희 형과 지원 형이 도착했다. 그리고 한 시간이 지나서야 화정이

저 멀리서 나타났다. 키가 작고 자전거 실력이 꽝인 화정은 내려오는 길에 수없이 넘어지고 자전거에서 날았다고 했다. 가이드들은 화정더러 그만 자전거에서 내리고 같이 차를 타고 가자고 설득했지만 그녀는 끝까지 자전거를 타겠다고 우겼단다. 그녀의 근성을 보여주는 사건이라고 할 수 있다.

골짜기 어딘가 죠니와 하비에르를 숨기고 안데스에 밤이 내렸다.

다음날 아침 일찍 일어나서 배낭을 메고 걷기 시작했다. 강을 따라 한참 평지를 걷다가 잉까인들이 사용했다던 까미노 델 잉까(Camino del Inca 잉까의 길)를 따라 오르기 시작했다. 길의 시작부터 힘이 들었다. 평지나 내리막길을 만나면 행복하다가도 저 멀리 앞서 가는 사람들이 오르막길을 오르는 모습이 보이면, 마치 매 맞기를 기다리는 학생마냥 두려워졌다.

길은 우루밤바 강이 넘실대는 계곡을 까마득한 높이에서 내려다보는 절벽 허리로 이어졌다. 계곡 위로 나오자마자, 갑작스런 바람이 절경을 가져다 이마에 부딪는다.

이날 저녁, 노천온천에 수영을 했다. 발가벗고 뜨뜻한 물에 몸을 담근 채 이처럼 멋진 경치를 감상할 수 있는 온천이 또 있을까. 우리가 이날 묵을 마을인 산따 떼레사까지 또 걸어야하나 걱정했지만 이미 날이 어두워졌기 때문인

지, 온천을 개운하게 한 우리의 기분을 망치지 않기 위해서인지, 버스가 와있었다.

소연이의 개인주의적인 섬세함이 단체 속에서 이기주의로 모습을 바꾸는 순간들을 목격했다. 개인의 색깔이 지나치게 강해서 단체에 무난히 섞이지 못할 때, 그것은 단체가 나아가는 길에서 걸림돌이 될 수도 있다.

다음날 기찻길을 따라 마침내 마추픽추 산 아래 동네인 아구아스 깔리엔떼스에 도착했다. 내일은 드디어 우리 눈앞에 마추픽추의 절경이 펼쳐질 예정이다.

그러나 저녁 식사를 하던 중 가이드로부터 어이없는 말을 들었다. 여행사에서 듣기로는 내일 오후에 기차를 타고 꾸스꼬로 돌아가기로 되어있었다. 그런데 가이드가 하는 말이, 꾸스꼬 행 기차표를 예약하지 못해서 내일 정오까지 버스를 타야 한다는 것이었다. 그러려면 12시 전에는 마추픽추에서 내려와야만 했다. 아마도 기차표를 예약 못했더라도 일단 출발하고 난 다음, 여행자들이 빼도 박도 못하는 상황이 되었을 때 사실을 밝히는 것이 이들의 상습적인 방식인 것처럼 보였다.

그래서 우리 팀은 다시 대책 회의를 시작했다. 왜냐하면 우리는 마추픽추에서 오후 시간까지 즐기고 싶었기 때문이었다. 만약 가능하다면 그들이 제시한 방법을 따르지 않고 우리가 독자적으로 돌아갈 수 있는 방법을 찾을 수도 있었다.

결국 우리는 기차표 값을 환불받고 꾸스꼬까지 기찻길을 따라 걷기로 결정했다.

여행 13일째
PERU

마추픽추를 오르다

새벽 4시 25분, 가이드가 방문을 두드렸다. 출발하기로 한 시각은 4시 반인데 5분 전에 우릴 깨웠던 것이다. 일어나서 시계를 확인하자마자 깜짝 놀라 5분 만에 옷을 갈아입고 짐을 챙겨 아직 어둠이 걷히지 않은 아구아스 깔리엔떼스의 거리로 나왔다. 세수할 생각은 하지도 못했다. 나만 겨우 이를 닦았으니 할 말은 다 했다.

마추픽추로 향하는 길위에서, 떼를 지어 몰려오는 기괴한 짐승들의 그림자를 만났다. 끝없이 흔들리는 외눈박이 눈에서 하얀 빛이 뿜어져 나오는 산만한 형체들. 알고보니 그들은 오늘도 이곳, 아구아스 깔리엔떼스에서 장사를 하기위해 새벽같이 걸어온 현지인들이었다. 그들이 어둠을 밝히기 위해 이마에 매단 전등과 커다란 등짐, 그리고 구부정한 허리 때문에 그림자가 마치 괴물과 같은 형상을 만들어냈던 것이다.

반면 우리는 빛 한줄기 없는 어둠 속에서 산행을 해야만 했다. 카메라 액정에서 나는 빛으로 다음에 디딜 곳만 간신히 비추며 발을 떼었다. 어둠 속의 산행은 다리를 후들거리게 하고 숨을 턱밑까지 차오르게 했지만 고통은 언제나 그렇듯 지나고 나면 쉬이 잊힌다.

마침내 마지막 계단. 나는 천공의 성 라퓨타를 발견한 탐험가라도 된 기분으로 발을 디뎠다. 그러나 눈앞에 펼쳐진 것은 신비의 공중 도시가 아니었다. 바로 오늘 아침 라퓨타를 발견하기 위해 단체로 버스를 타고 올라온 사람들의 매표소를 향한 길고 긴 행렬이었다. 우리도 하는 수 없이 사백 몇 번째 탐험가가 되기 위해 행렬에 합류했다.

표를 내고 마추픽추 유적지로 입장하자마자 나와 걸희 형과 지원 형은 와이나픽추 입구로 향했다. 와이나픽추는 마추픽추 옆에 있는 또 다른 봉우리로 그곳에 올라가면 마추픽추 봉우리와 유적지를 한눈에 관망할 수 있다고 했다.

와이나픽추는 입산이 제한되어 있어 하루에 400명까지만 관광객을 받았다. 입구로 가보니 이미 많은 사람들이 그 400명 안에 들기 위해 줄을 서고 있었다. 와이나픽추에 올라가는 것은 아침 일찍 오지 않으면 꿈도 꾸지 못할 일일 것 같았다.

와이나픽추에 올랐더니 마추픽추는 박물관 유리 안에 전시되어 있을 법한 축소 모형처럼 보였다. 그리고 와이나픽추 봉우리의 유적들은 절벽 가장자리에 위태롭게 걸쳐져 있어, 이것이야말로 '공중도시'라 불릴 만하다는 생각이 들게 했다.

와이나픽추에서 내려와 가이드의 설명을 들었다. 가이드를 따라 태양의 신전과 샘물, 제단을 구경하고 그것들이 어떤 용도로 사용되었는지 설명을 들은 다음 투어 팀은 해산되었다. 12시까지 버스를 타러 가야하는 사람들은 서둘러 내려갔고 기차표가 예약된 일부 사람들은 여유롭게 주변을 둘러보러 떠났다.

우루밤바 강은 마추픽추 봉우리를 에워싸며 흐르고 있었다. 여기서 강까지는 절벽이거나, 또는 절벽과 다름없는 경사를 이루었다. 우리는 사람들이 없는 유적지 뒤쪽으로 가서 절벽을 따라 쌓은 축대 위에 앉아 도시락을 먹었다. 도시락이라고 했지만 비닐봉지에 담아온 귤이나 빵 같은 것이 전부였을 것이다. 발아래는 강까지 쭉 낭떠러지였다. 절벽을 따라 꼰도르 새 몇 마리가 날고 있었다. 그때 갑자기 유적지 관리인이 나타나 티켓을 보여 달라고 했다. 우리가 정당히 돈을 주고 입장한 것을 의심하나? 불쾌감을 숨기지 않으며 티켓을 건네주자 그는 티켓에 적혀있는 입장객 유의사항 항목 하나를 짚어주었다.

'유적지 내에서 음식물을 먹지 마시오.'

우리는 부끄러워서 잘못했다고 말하고는 서둘러 남은 음식을 싸서 자리를 떴다.

그러고 와이나픽추 입구 근처 잔디밭에 누워 낮잠을 잤다. 나무 그늘 아래는 꽤 차가웠다.

'절박한 자연 속 인간의 흔적'이라는 사실이 주는 비장미를 빼면, 전문 지식을 갖추지 못한 우리같은 일반인들이 볼 때, 마추픽추는 유적지 자체가 주는 감흥은 별로 없었다. 내게 이곳은 아이들 소꿉장난처럼 꼭 있어야 할 것들로 간신히 구색만 맞춘 도시로 보였다.

등을 돌려 내려오는 순간, 마추픽추는 나의 현실에서 흔적도 없이 사라져버렸다. 그 순간 일말의 아쉬움도 없던 이 마추픽추는, 환상 속의 그 마추픽추와 과연 동일한 장소인가? 나는 과연 실제로 마추픽추를 갔던 것일까?

마추픽추에서 내려왔을 때는, 이미 오후 4시였다.

소연이 단체 속에서 느끼는 불편함, 그것을 보는 나의 불편함. 단체 속의 그녀를 보는 것은, 단체의 분위기를 껄끄럽게 만드는 한 사람을 보는 것이다. 그런 모습의 소연이 싫었다. 그리고 아마 그녀도 내가 싫었을 것이다.

마추픽추에서 내려오는 길, 소연은 아무 말 없이 앞서 걷고 있었다.

무슨 말이라도 걸어보려고 옆으로 다가가자 그녀는 짜증나 미쳐버리겠다는 표정으로 나를 흘겨보았다. 그러더니 뒤로 돌아서서 다른 사람들과 합류해 재잘거렸다. 그쪽 분위기는 다시 한번 어색해졌고, 나는 앞에 혼자 남겨졌다.

그날 밤 아구아스 깔리엔떼스에 마을 축제가 벌어졌다. 그리고 우리는 흥겨운 마음으로 축제에 섞여들었다. 하지만 내 마음은 어딘지 불편하고 씁쓸했다.

Peru

여행 16일째
PERU

다시 꾸스꼬로

아침에 소연이 떠났다. 우리가 일어나기 전 자신의 짐을 모두 챙겨서 사라져버렸다.

그녀가 누워있던 침대 위에 엽서가 놓여있었다. 거기에는 '안녕'이라고만 쓰여있었다.

오전 8시 반, 각자 흩어져 소연을 찾았다. 지원 형은 기차역으로 가보겠다고 했고 나도 소연을 찾을 곳은 그곳뿐이라고 생각해 뒤늦게 기차역으로 갔다. 역사 안에 들어서자마자 창 앞에 지원 형이 서 있는 것이 보였다. 형은 기차 안에 소연이가 있다고 말했다.

기차의 창문을 두드렸다. 소연은 어느 백인 여자의 옆자리에 앉아 즐거워 보이는 표정으로 대화를 하고 있었다. 그녀가 내게 작별 인사를 했다. 슬프게? 아니면 기쁘게? 그녀가 끼고 있던 고등학교 졸업 반지를 빼달라고 말했다. 이것을 내가 끼고 있으면 그녀는 완전히 떠난 게 아니다. 여전히 우리에게 속한 것이고 언

젠가 돌아올 수 있을 것이다.

소연을 보내고 우리도 떠날 준비를 했다. 여행은 계속되어야 하니까. 우리는 지난 투어를 하면서 지나왔던 길들을 되짚어 돌아갔다. 계곡물을 따라 흙길을 밟으며 아구아스 깔리엔떼스를 떠났고 기찻길로 합류해 또 한참을 걸었다. 그리고 다시 계곡 사이의 흙길을 따라 산따 떼레사로 향했다. 익숙한 풍경들, 며칠 전 반대 방향으로 걸어오면서 감탄했던 풍경들을 다시 보았다.

산따 떼레사에는 해가 지기 전에 도착했다. 우리는 광장에 앉아서 버스를 탈 것인지 아니면 히치하이킹을 할 것인지 고민했다. 꾸스꼬까지 비포장 길을 따라 히치하이킹을 하고 또 지난 며칠 동안 트레킹 투어를 하면서 다들 많이 지쳐있었다. 하지만 결국 우리는 다시 히치하이킹을 선택했다.

그렇게 마음을 먹는 것만으로도 용기와 자신감이 새롭게 차올랐다. 오늘 안으로 다음 마을인 산따 마리아까지 가보기로 결정했다. 그리하여 우리의 목표는 다시 한 번 꾸스꼬가 되었다. 지난번 고난의 비포장 길에 이어, 이번엔 마추픽추에서 꾸스꼬로 돌아가는 비포장 길이 우리 눈앞에 펼쳐졌다.

산따 떼레사에서 계곡을 따라 나있는 오르막길에서 도요타 차를 잡았다. 이 차는 우리가 선호하던 차종이었는데, 트럭처럼 지붕 없는 짐칸이 있어 얻어 타기 좋은데다, 트럭과 달리 아주 빨라서 타고 있으면 날아갈 것 같았기 때문이다. 단점이 있다면 화물트럭과 달리 멀리 가지 않는다는 것이었다. 이 차를 타고 목적지까지 가 본 적은 한 번도 없었다.

달리는 도요타 차 위에서 지원 형이 아끼고 아끼던 파란 모자가 바람에 날아가

버렸다. 그리고 우리는 또 한 번 안데스 산길 위에서 밤을 맞았다. 지원 형의 모자는 산따 마리아 가는 산길 어딘가에서 뒹굴고 있고, 우리도 그 길 어딘가 주저앉아 우리를 태워줄 천사 같은 사람을 기다렸다.

산골 마을로 들어가는 길목, 거기서 버스를 기다리던 아주머니들은 마을에 숙박 시설이 없다고 말했다. 어둠 속에서 그들의 실루엣을 보았을 때가 기억난다. 우리는 멀리 검은 형체로만 보이는 그들이 무서웠고, 아마 그들도 우리를 경계했을 것이다. 우리를 해치지 않을 것이라는 확신을 얻기 위해 큰 소리로 인사말 '올라Hola!'를 외쳤다. 응답은 없었지만 곧 우리는 그들이 평범한 아주머니들이라는 사실을 알아차렸다.

그때 현지인들을 태우는 버스가 한 대 섰다. 우리 지갑에는 물론 돈이 있었지만, 우리는 없다고 했다. 처음에는 일인당 10솔을 부르다가, 나중에는 네 명에 10솔만 내라고 했을 때도, 우리는 끝까지 완강했다.

"너희가 한국으로 돌아갈 돈은 있잖아?"

어쨌든, 우리한테 돈은 없는 것이다. 운전사는 어이없다는 듯 일인당 2.5솔이 없어서 버스를 안타려 한다며 떠나버렸다. 맞는 말이었다. 일인당 2.5솔, 한국 돈으로 천 원도 안 되는 돈, 우리는 그 돈이 없어서 한밤중에 산길에 남겠다는 말을 하고 있는 것이었다. 어리석은 원칙이었다. 애니를 만나지 않았더라면 우리는 정말 꼼짝없이 산길에서 밤을 보내야만 했을 것이다.

밤길을 혼자 운전하던 그녀는 차를 세워 낯선 네 명의 여행자들을 태웠다. 마흔네 살. 인류학 박사 과정을 밟고 있는 캘리포니아인. 그녀는 남미에서 식물 연구를 했다는 한 여성학자의 일생을 연구하고 있었다.

애니는 밝고 친절한 사람이었다. 그녀가 했던 말이 아직도 기억에 남는다. 네 마음의 본능을 따라라, 그러면 멋진 삶을 살 수 있다. 세상에 있는 대부분의 사람들은 좋은 사람이다. 내가 그들을 존중하면 그들도 나를 존중할 것이다. 우린 그녀를 인생의 선배로 여기며 존중해마지 않았다. 그녀는 우리를 산따 마리아까지 데려다 주었다.

마을에 내려서 숙소를 알아보다가 식당 앞에서 호객 행위를 하는 꼬마를 만났다. 녀석은 타고난 장사꾼이었다. 왜 이리 숙소가 머냐고 투덜거려도 멀지 않다며 우리를 끌고 꿋꿋이 골목 사이를 누볐다. 녀석이 하는 말과 행동을 보고 있으면 지금 끌려가는 숙소가 좋을 지도 모른다는 생각이 들었다.

곧 도착한 숙소는 과연 나쁘지 않았다. 안마당이 있었고, 방은 아늑했다. 그리고 그날 밤, 단 한 번도 깨지 않고 숙면을 취했다. 사실, 이전까지 잠을 자면서 깨지 않은 날이 별로 없었다.

다음날 승용차들을 운반하는 트럭을 잡았다. 그 차들은 앞서 말한 도요타였다. 우린 마치 트럭이 아니라 도요타 차를 잡은 듯, 그 짐칸에 앉아 있다가 문을 열고 들어가 운전대까지 돌려보았다.

운전자들은 심심했던지 나를 불러 앞좌석에 태웠다. 처음엔 운전자들과 대화도 할 수 있고 편한 의자에 앉아 갈 수 있다는 생각에 기뻤지만 곧 난처한 상황에 처했다. 내가 앞자리에 타자마자 마흔 살 먹은 운전자들은 여느 히치하이킹 때와 마찬가지로 어디서 왔는지, 결혼은 했는지 등을 물어봤고 난 기분이 좋아 유쾌하게 대답했다. 그런데 갑자기 한 사람이 내게 아버지 직업을 물었던 것이다.

아버지의 직업은 학원 원장이었다. 어쭙잖은 스페인어로 설명하려다보니 교사들에게 월급을 준다고 말할 수밖에 없었다. 그 순간 운전자들의 눈빛이 바뀌었다고 느꼈다. 갑자기 그들은 솔과 원의 환율을 묻고 아버지가 학비를 대주는지 물었다. 한국에는 외국인 노동자들이 많이 있느냐고도 물었다. 그러더니 100퍼센트 농담은 아닌 것 같은 말투로 페루 여자를 가정부로 데려가 살 생각 없는지 묻는 게 아닌가. 아차 싶었다.

이 여행을 계획할 때 나는 현지 사람들보다 낮은 위치에서 신세를 짐으로써 그들에게 더 가까이 다가갈 수 있다는 꿈을 꾸었다. 그러기 위해 히치하이킹 여행을 선택한 것이기도 했다. 그러나 나라가 가진 부의 격차는 명백히 개인의 신분 차이로 이어지고 있었다. 그건 실재한다기보다 이 운전자들의 마음속에 존재하는 것이었다. 나는 더 이상 이 대화를 계속할 수가 없었다. 그들은 이미 '내'가 아닌, '한국'을 보고 있었다.

결국 나는 바깥 풍경을 보기 위해 짐칸으로 나왔다.

안데스.

파란색 하늘과 회갈색 산의 대비, 빛과 그림자의 선명한 대비. 이처럼 모든 것이 또렷한 곳이 또 있을까.

그리고 우리는 마침내 꾸스꼬에 (다시) 도착했다.

꾸스꼬의 밤, 오래된 도시를 밝히는 불빛들이 돌아왔다. 우리는 숙소도 잡기 전에 '사랑채'라는 한식당으로 달려갔다. 배낭과 온 몸에서 흙먼지를 풀풀 날리며. 그리고 거기서 소연이 찾아놓은 우리의 짐들을 발견했다. 투어를 떠나기 전

몸을 가볍게 하기 위해 여행사에 맡겨놓았던 짐을 이곳에 가져다 놓은 것이었다.

간밤에 잠자리가 못 견딜 만큼 추워서 숙소를 옮기기로 했다. 다른 숙소를 찾다가 삐끼한테 붙잡히고 말았다. 우리는 삐끼를 떼어내고 싶었고, 실제로 지원형이 쫓아내려는 시도를 하기도 했지만 그는 결코 굴하지 않았다. 그를 따라 한참동안 걸어 도착한 숙소에서 햇살이 커다란 유리창을 통해 쏟아져 들어오는 방을 새로 잡았다. 산따 마리아에서의 경험과 지금의 경험을 통해 얻은 교훈! 숙소는 삐끼에게 맡겨라.

옥상에서 묵은 빨래를 했다. 빨간 기와지붕이 비스듬히 깔린 꾸스꼬의 전경. 벽과 옥상 바닥을 데우는 강렬한 햇빛, 널린 빨래를 휘젓는 바람.

마음을 쉬게 할 안식처가 있었고, 해가 떠있는 동안 각자에게 자유 시간이 주어졌다. 오늘 하고 싶은 일들을 생각하고, 하루 일과를 계획하면서 행복해졌다. 화정은 오늘 하루가 느리게 가길 바란다고 했다.

저녁 9시가 넘어 화정과 나는 꾸스꼬에서 유명하다는 디스코 바에 놀러갔다. 바에 앉아 칵테일을 홀짝이며 이런저런 주제로 대화를 했다.

라이브가 시작되자마자 '꾸스께냐(Cusqueña 페루 맥주, 꾸스꼬에 공장이 있다.)' 맥주 각 한 병을 들고 사람들 틈에 섞여 미친 척하고 춤을 췄다. 우린 사실 미칠 수 있는 마음의 준비가 완료되어 있었던 것이다. 음악과 술, 그리고 춤을 추기에 적당한 공간만 있으면 되었다. 그러다 한 쌍의 페루 남녀가 각각 우리에게 붙었다. 그러더니 두 손을 잡고 스텝을 밟으며 빙글빙글 돌았다. 우리는 거의 꼭

두각시 인형처럼 끌려다니며 숨을 쉬기도 바빴다. 즐거운 밤, 왁자지껄한 웃음소리와 함께한 밤이었다.

PUNO

여행 19일째
PERU

뿌노 가는 길

이날은 히치하이킹이 잘 되지 않았다. 이제까진 비포장 길 특수로 히치하이킹이 너무 쉬웠다. 지나가는 차는 많지 않았지만, 배낭을 메고 비포장 길을 걷고 있으면 굳이 손을 흔들어 잡지 않아도 외국인 여행자에 대한 호기심 때문인지 안쓰러움 때문인지 운전자들이 십중팔구 차를 세운다. 그리고 목적지를 물어본 다음 이 길을 걸어 목적지까지 가는 것이 얼마나 터무니없는 일인지 알기 때문에 반드시 태워준다.

그러나 도시 변두리의 큰 도로에서 시도한 히치하이킹은 운전자들의 야박함 때문인지 정오에 시작했으나 오후 5시까지 성공하지 못했다. 우린 거의 꾸스꼬 외곽까지 걸어 나갔다.

그렇게 간신히 잡은 프레이의 트럭, 짐칸에 올라타 이리 흔들 저리 흔들 잘 가는가 싶더니 주유소에서 차가 섰다. 프레이는 서류를 이전 마을에 놓고 왔다면서 다시 가지러 가야한다고 말했다. 그리고 갔다 오는데 두 시간이나 걸리기 때문에

기다리려면 기다리고 싫으면 다른 차를 잡으라고 말했다. 맙소사, 우린 일단 기다리겠다고 말했지만 형들은 새로 히치하이킹을 시도하고 싶어 했다. 하지만 나는 히치하이킹을 시도하는 일에 지쳐있었다. 정확히 말하면 지금 이 순간, 여행의 모든 것에 지쳐있었다. 그저 가만히 앉아서 시간을 보내고만 싶었다.

주유소에서 기다리며 내가 본 풍경은 휑뎅그렁한 고원의 주유소와 집 몇 채, 그리고 석양이었다. 풍경의 황폐함이 내 마음과 닮아있다고 생각했다.

단체 속에서 느끼는 외로움. 지금 팀의 분위기는 지원 형과 화정의 만담이 이끌어간다. 걸희 형도 즐거이 동참한다. 그러나 나는 왠지 이 분위기에 완전히 낄 수가 없다. 게다가 팀 안에서 스페인어를 조금이라도 할 줄 아는 사람은 나뿐이기 때문에 현지인들과의 대화는 오로지 내 몫이다. 이것은 일종의 의무이다. 그러나 단지 스페인어 능력자로 내 역할이 축소되는 것 같아 씁쓸하다. 나는 지금 팀에서 주변 인물이라고 느낀다. 리더도 아니고 동료도 아닌. 다른 사람들의 눈치를 보느라 아무 결정도 내리지 못하는 리더는 리더가 아니고 함께여서 즐겁지 않은 동료는 동료가 아니다.

프레이는 뿌노 가는 길에 있는 시꾸아니라는 도시에 우리를 내려주었다. 그리고 가장 싸다는 숙소까지 데려다 주었다. 숙소에 여장을 풀고 배가 고파 야식을 먹으려고 근처 닭집을 찾았다. 다시 돌아오는 길에 느낀 시꾸아니는 다음과 같다.

배설물을 닮은 도시, 술 취한 아저씨들의 벌건 얼굴, 코딱지가 묻은 비누가 버젓이 놓인 숙소 화장실, 내 얼굴을 빤히 쳐다보며 저희들끼리 치노에 대해 떠들

어대는 남자들, 쓰레기 폭풍이 한바탕 지나간 바람에 살던 사람들이 모두 떠난 것처럼 보이는 도시, 반쯤 올라간 셔터 틈으로 술 마시는 남자들이 보이는 도시, 홍등가 앞에서 성기를 꺼내놓고 길가에 볼일을 보는 남자들의 도시.

여행 20일째
PERU

STORY OF REUNION IN PUNO

아직 해가 중천일 때 뿌노에 도착했다.

뿌노 들어가는 길. 산길을 돌자 눈 아래 도시가 펼쳐지고 다가갈수록 점점 커지는 도시를 향해 꼬불꼬불 내려가는 길은 꾸스꼬로 들어가는 길과 닮아 있었다. 도시를 감싼 산마저도 그랬다. 마치 길도, 땅도 그대로인 채 그곳을 채우고 있는 건물과 사람들만 바뀐 듯하다. 못난 흙벽돌 건물들로 가득한 도시, 어쩌면 뿌노는 꾸스꼬의 미래다. 꾸스꼬가 천재지변으로 사라지고 백 년쯤 뒤, 아름다웠던 옛 도시 꾸스꼬를 어렴풋이 기억할 뿐인 거친 이방인들, 혹은 퇴화한 원주민들이 이곳에 다시 마을을 세운다면 뿌노와 같은 모습일 것이다.

우리한텐 리마에서부터 길들여진 습관이 있었다. 어떤 도시에 도착할 때마다 그곳의 광장을 찾아가는 것이 바로 그것이었다. 도시에 내렸다고 해서 그 도시까지의 여정이 다 끝난 것이 아니었다. 우리는 어떻게든 그곳의 광장까지 간 다음

에 밥도 먹고 숙소도 잡았던 것이다. 광장을 기준점으로 삼으면 도시 안의 어떤 지점을 찾아갈 때 수월하기도 했고, 어쨌든 광장에 가야 비로소 이 도시에 '도착' 했다거나, '파악했다'고 느꼈기 때문이다.

아무튼 뿌노의 중앙 광장에 도착했을 때, 우리는 소연을 만났다. 아니, 발견했다.

꾸스꼬에서 소연은, 자신이 곧장 부에노스아이레스로 떠날 것이고, 그곳에서 아르바이트로 돈을 벌겠으며, 출국하기 하루 전날 만나자는 글을 남겨놓았다. 그래서 우린 앞으로 우리 여행에서 소연과 함께할 일은 없겠다고 생각하고 있었다. 그런데 생각지도 못한 장소와 시간에 느닷없이 소연이 등장한 것이다.

그것은 가히 침범과 같은 수준이었다. 같이 저녁을 먹고 숙소를 잡는 내내 소연은 최소한 겉으로는 매우 즐거워보였다. 반면 우린 대단히 어색하고 불편했다. 지금 떠올려보면, 내가 어색해하고 있었던 이유가 무엇인지 정확히 알지 못한다. 어쨌든 다른 사람들은 또 내가 완전히 이해할 수 없는 여러 가지 다른 이유에서 그녀를 어색해했다.

소연은 광장에서도, 식당에서도, 술집에서도 자기 색깔을 여전히 불편할 만큼 드러내고 있었다. 하지만 내가 이제껏 그녀에게 느낀 불편함은 소연이라는 사람을 온전히 받아들임으로써 해결할 수 있다는 생각이 들었다. 그녀는 어떤 점에서 불편하다, 그럼에도 불구하고 그녀의 색깔을 바꾸라고 강요할 수는 없다.

다른 사람들은 먼저 숙소로 돌아가고 나와 소연만 남아 꾸스께냐 한 병을 더 주문했다. 그녀는 팀에서 벗어남으로써 비로소 남미를 만났다고 말했다. 푸른 하늘, 사람들의 눈빛과 같은 것들이 팀을 떠나면서 비로소 자기 눈에 들어오더라는

것이다. 나도 팀에서 느끼는 섭섭함과 책임감에서 자유로워지고, 나로서 온전히 존재하는 채로 남미를 만나겠다. 팀은 팀일 뿐 팀에 갇혀 나를 잃고 내가 와있는 이 땅과 사람들을 보지 못해서는 안 되겠다.

볼리비아로 들어가려면 비자가 필요했고, 비자를 받으려면 또 기타 여러 가지 서류들이 필요했다. 다음 날 출입국 할 계획이었기 때문에 오늘 안으로 모든 서류들을 준비해야했다. 긴급 사태! 상황을 더욱 긴박하게 만들었던 것은 볼리비아 대사관이 오후 2시까지밖에는 열지 않는다는 사실이었다.

뿌노는 띠띠까까 호수를 옆에 끼고 있는 도시다. 아니, 호수가 이 도시를 끼고 있다. 호수는 어마어마하게 커서 마치 도시를 위협하듯 그 자리에 있다. 그리고 호수 안으로 얼마간 들어간 곳에 우로스 섬이 있다. 우로스 섬은 호수에서 나는 갈대를 놀라운 기법으로 엮어 물 위에 띄운 인공 섬이다. 물론 인공 섬 위에 떠다니며 사는 삶에 대해서 낭만적이라고만 생각할 일은 아니었다. 그들이 이 섬을 만들어 살게 된 이유에 대해선 몇 가지 설이 있는데, 어쨌든 요점은 한가지로, 정복자의 손아귀를 피해 물러서다 못해 결국 땅을 버리고 물 위에 섬을 띄웠다는 것이다. 그들의 절박함을 느끼고도 남을 풍경이고, 사연이었다.

기념품도 좋고 발이 푹푹 빠질 때마다 느끼는 스릴도 좋지만 여기 사람들의 '사는 이야기'를 듣고 싶었다. 자신들의 삶과 육지에 대해 어떻게 생각하는지, 자식은 어떻게 기르고, 여전히 열악한 환경 속에서 살고 있는 이유는 무엇인지, 볼일은 어디서 보고 식수는 어디서 구하는지, 그들의 삶과 역사가 궁금했으나 주민들에게 직접 질문하는 것이 그들에 대한 동정이나 신기한 것을 보는 외지인의 시

선으로 느껴질 것 같아 하지 못했다. 하지만 가이드한테 묻는 것은 원주민들 자신의 목소리가 아닌 타인의 의견으로 섬사람들을 판단하게 되는 것이기 때문에 싫었다.

꼬빠까바나Copacabana(7/22)
라 빠스La Paz(7/25)
뽀또시Potosí(7/27)
우유니Uyuni(7/29)

제2부
볼리비아
Bolivia

볼리비아 BOLIVIA

화정은 혼자 무전여행을 하고 싶다고 밝혔다. 나와 화정은 우리 여행에 '절박함'이 부족하다고 느꼈다. 그래서 볼리비아 무전여행을 계획했고, 소연도 동참한 것이다. 그런데 느닷없이 그녀가 혼자 떠나겠다고 하다니. 그 배신감은 이루 말로 표현할 수 없었다.

"그래, 다 찢어지자!"

여행 22일째,
BOLIVIA

HOLA, BOLIVIA!

국경의 땅은 밭과 황량한 황무지가 섞여 있었다. 지도상에 표시된 마지막 페루 마을인 융구요를 지나면서부터는 잘 닦여있지만 텅 비어있는 길의 연속이었다. 볼리비아 국경을 넘고 나서도 상황은 마찬가지였다. 하지만 그곳에서부터 우리는 호수를 끼고 걸었고 풍경을 구성하는 모든 것들을 석양의 오렌지 빛 햇살이 따뜻하게 감싸 안았다.

경계의 풍경, 그곳에 사는 사람들이 주는 미묘한 인상, 그리고 불안정함. 무엇을 하든 영원히 계속할 수는 없으며 지금의 행복도 머지 않아 끝나리라는 엄연한 사실을 애써 외면할 때의 일요일 오후 같은 기분. 융구요의 구멍가게 진열장이나 길가에 널어 말린 작물들이 주는 '바닥난' 느낌.

승용차를 한 대 얻어 탔다. 운전자는 역사 선생님이었고 조수석에 탄 사춘기 소녀는 그의 딸이었다. 차 안에는 역사 교과서 한 권이 놓여 있었는데 페루에서 배우는 세계사란, 이집트로부터 시작되는 유럽의 역사였다.

이어서 버스 한 대를 잡았는데 남자 승객 한 명이 우리 쪽으로 오더니 유창한 영어로 대화를 시작했다. 그는 프랑스에서 공부한 박사였고, 신자유주의 사상의 신봉자였다. 페루는 지하자원이 풍부한데도 그것을 가공할 기계가 없다. 선진국들과 자유무역협정을 맺어 싼 값에 기계를 구입할 수만 있다면, 페루도 충분히 경쟁력을 가진 나라가 될 수 있다는 것이었다.

출입국 절차를 밟아 국경을 넘었다. 차가 오지 않아 한참을 걷고 있는데 미니버스 한 대가 지나갔다. 돈이 없다고 말하니까 그냥 타란다. 꼬빠까바나 행 버스였다. 차가 오지 않으면 몇 시간동안이라도 걸어서 갈 결심을 했는데 단 몇 분 안에 목적지까지 갈 수 있다는 사실 때문에 행복했다.

여행 23일째,
BOLIVIA

태양의 섬

아침 일찍 배를 타고 태양의 섬으로 향했다. 잉까 이전부터 안데스 민족들로부터 성스러운 장소로 숭배되었던 섬. 특히 섬 한가운데에 박혀있는 성스러운 돌은 잉까의 선조들이 하늘로부터 내려온 곳으로 여겨졌다고 한다.

배는 우로스 섬과 뿌노를 오가는 통통배보다 훨씬 컸다. 배의 실내와 바깥 좌석을 많은 외국인 관광객들이 꽉꽉 채우고 있었다.

가이드를 따라 박물관을 구경하고 산을 올랐다. 섬은 거대한 바위산으로 이루어져, 길이 능선을 따라 구불구불 이어졌다. 그리고 그 너머로, 짙은 파란색 호수가 수평선을 이루고 있었다. 도무지 바다가 아니라고 할 수 없는데, 바다와 달리 수면은 잔잔하기만 했다.

태양과 가장 가까운 땅. 뜨거운 붉은색 대지와 태양 빛으로 가득한 하늘의 푸른색을 닮은 호수, 그리고 성스러운 돌. 태초에 땅과 바다가 갈라지던 순간의 모

습이 이러하지 않았을까.

성스러운 돌을 지나 께추아 어로 '미로'라는 이름의 유적지로 갔다. 그 이름에 걸맞게 키 작은 돌벽들이 뒤엉켜있어 어디가 실내고 복도였을지 가늠하기도 어려운 곳이었다. 마추픽추는 폐허가 주는 고즈넉한 느낌을 갖고 있지 않았다. 아마도 워낙 정돈이 잘 되어있고 관광객들이 쏟아지듯 찾아오기 때문일 것이다. 그러나 시퍼런 호수를 내려다보며 황량한 바위산 모서리에 걸쳐져 있는 '미로'의 모습은 한편으로 쓸쓸하기까지 했다.

북쪽 선착장까지 가는 길은 끝이 없었다. 안데스 전역에는 주민들이 흙벽돌로 지어놓고 살다가 떠나버린 폐허들이 많다. 모르는 사람의 눈으로 보면 영락없이 유적이다. 이러한 폐허들은 태양의 섬에서도 간간히 보였다.

태양의 섬에서 길을 걷다보면 주먹만한 돌을 높이 쌓아만든 탑들을 볼 수 있다. 한국의 등산로에서 볼 수 있는 그것들과 유사하다. 때로는 이 탑들이 떼를 지어 호수의 파란색과 어우러지며 장관을 만든다. 앞서 본 '미로' 유적도 이러한 '소꿉장난'의 확장판이라는 생각이 들었다.

걸희 형도 작은 돌멩이 세 개로 문을 만들더니 사진을 찍으며 재밌어했다. 그러고는 잉까인들이 왜 이런 건축물을 만들었는지 알겠다고 했다.

"재밌어서 만든 거 아냐?"

섬을 가로지르는 동안 입장권을 세 번이나 끊었다. 한번 입장권을 끊었으니 남은 돈으로 간식이나 사 먹으면 되겠다고 생각한 건 오산이었다. 중간 지역에 들어왔으니 다시 입장권을 끊으라며 다가오는 남자와, 여기부터는 북쪽 지역이라며

입장권 묶음을 보여주는 여자들까지 예상치도 못한 지출이 피처럼 빠져나갔다.

기억난다. 꾸스꼬 광장에서 껌 팔던 아이들, 그들이 내밀던 뻔뻔한 손. 배고픔 때문에 자존심을 팔아버린 사람들을 혐오해야 하는가, 아니면 그들을 그렇게 만든 사회를 혐오해야 하는가.

그날 밤, 다 같이 숙소 침대 위에 모여 앉아 와인 한 병을 딴 자리에서 화정은 혼자 무전여행을 하고 싶다고 밝혔다. 나와 화정은 우리 여행에 '절박함'이 부족

하다고 느꼈다. 그래서 볼리비아 무전여행을 계획했고, 소연도 동참한 것이다. 그런데 느닷없이 그녀가 혼자 떠나겠다고 하다니 그 배신감은 이루 말로 표현할 수 없었다.

"그래, 다 찢어지자!"

나도 모르게 너무 화가 나서 소리를 빽 질러 놓고는 방을 나와 버렸다. 걸희 형과 지원 형은 화정의 결정에 별로 충격을 받지 않은 것처럼 보였다. 화를 낸 나만 나쁜 놈이 된 것 같았다. 알고 보니 두 사람은 이미 화정에게서 혼자 여행하고 싶다는 말을 계속 들어 온 모양이었다. 다른 사람들은 화정이 걱정스럽긴 하지만 그녀의 결정을 존중해야한다고 생각했다.

나는 깨어있는 채로 하고 싶은 것이 없어(깨어있는 것이 싫어서?) 이불을 뒤집어쓰고 누웠다.

"동훈아, 술 마시러 가자. 형이 쏠게."

지원 형이었다.

숙소로 돌아와 형과 나는 옥상 구석에 쭈그리고 앉아 담배를 피웠다. 그는 자식 무전여행 보내는 부모 심정을 느낀다면서 몸조심하고 위급할 땐 자존심 세우지 말고 언제든지 연락을 하라며 잔소리를 해댔다.

우리는 위급할 때 연락할 돈만 비상금으로 남기고, 가지고 있던 달러와 볼리비아 돈, 그리고 현금카드를 모조리 형들한테 맡겼다.

다음날 아침 일찍 지원 형과 걸희 형을 먼저 떠나보내고 남은 셋은 느긋한 하루를 보냈다.

점심을 먹고 숙소로 돌아와 잠만 잤다. 일어나보니 오후 5시. 옥상 바닥을 따뜻하게 덥히는 햇살 아래서 화정이가 책을 읽고 있었다. 내게 이 여행의 목적은 무엇일지 생각했다. 목적의 상실. 그러니까 이토록 무기력한 것이리라. 하지만 여행의 목적만 사라진 것이 아니었다. 한국에서 내가 고군분투했던 모든 것들이 무의미하게 여겨졌다. 여행의 목적을 잃었더니 삶의 목적까지 잃어버린 것 같았다.

그리고 이른 밤, 와인을 같이 마시던 중 하루 동안 갈팡질팡하던 화정이가 드디어 혼자 떠나기로 마음을 굳혔다.

여행 22일째,
BOLIVIA

볼리비아 무전여행

화정이 떠나고, 왠지 소연과 함께 무전여행을 상쾌하게 시작할 수 있을 것 같은 기분이 들었다.

그리고 여느 때와 같이 히치하이킹을 시작했다. 그리고 두어 번의 히치하이킹 끝에 호수를 다시 만났다.

꼬빠까바나에서 라 빠스로 가려면 호수를 건너야 했다. 꼬빠까바나는 호수 안쪽으로 튀어나온 곳의 끄트머리에 있었다. 만약 호수를 건너지 않으면 빙빙 돌아가는 수밖에 없었다. 꼬빠까바나에서 출발할 때 우리 다섯 명 모두의 걱정거리가 바로 이것이었다. 자동차 히치하이킹이 가능하다는 건 이미 수차례의 경험을 통해 알았는데 과연 배 히치하이킹도 가능할 것인가. 일단 시도해 보기로 했으나 한아름 걱정을 안고 출발했다.

선착장에 도착해보니 호수 반대편이 매우 가까웠다. 사람을 태우는 배와 자동차를 태우는 배가 따로 있었는데 전자는 뱃삯을 주지 않으면 얻어 타기 힘들 것

같았다. 우리는 자동차를 싣는 배를 공략하기로 했다. 배 한 대가 마침 정박하고 있었다. 선장은 배를 뭍에 고정시키는 중이었고 우리는 잽싸게 다가가 일을 도왔다. 기회를 봐서 그에게 말을 걸었다. 처음에 그는 절대 그럴 수 없다며 고개를 저었다. 그러나 곧 트럭 한 대를 태우고는 우리를 불렀다.

그렇게, 생각보다 쉽게 호수를 건넜다. 다시 길을 걷기 시작하니 차 한 대가 섰다. 트렁크에 타겠다니까 뒷좌석에 타라고 친절하게 뒷문을 열어주었다. 우리는 기분이 좋아져서 남자와 즐겁게 대화를 나눴다. 한국과 볼리비아 경제에 대한 주제로 이야기는 꽃을 피웠다. 그런데 이게 웬걸? 그는 우리를 내려주며 당연하다는 듯 값을 불렀다. 한방 먹은 기분이었다. 그 순간 우리는 서로에게 원수가 되었다.

"돈이 없다. 안 믿어도 어쩔 수 없는데, 진짜로 없다."

이때 우리는 정말 당당했다.

"돈을 내라, 무조건 내라."

물론 그쪽도 마찬가지였다. 페루와 볼리비아처럼 교통체계가 덜 발달한 나라에서 히치하이킹은 꽤 제도화되어 있었기 때문이다. 양쪽 모두 한 치의 양보도 없었다. 급기야 소연이 끼고 있던 귀걸이라도 빼주겠다는데도, 귀걸이는 싫고 돈을 달라며 아주 나쁜 연놈들이라고 화를 냈다. 마침내 그도 어쩔 수 없다고 생각했는지 내리라고 했다. '어쨌든 고맙다(그라시아스gracias)'고 했더니 그는 뭐가 고맙냐며 퉁명스럽게 받아쳤다. 떨떠름하게 내려서 우린 다시 길 위에 섰다.

여기서 교훈, 페루와 볼리비아에서 자발적으로 차를 세우는 사람들은 무조건 돈을 요구하니 돈 내기 싫으면 타지 말 것. 특히 승용차 좌석에 친절히 태우는 차

는 절대 기피해야 한다. 히치하이커들에게는 트렁크가 가장 편한 좌석이다. 경험상 우리에게 트렁크를 내준 차들은 한번도 돈을 요구하지 않았다. 덧붙여 결코 현지와 한국 경제에 대해서 말하지 말 것, 왜냐하면 한국이 잘 사는 나라라는 사실을 알고 더 돈을 요구할 수 있으니까.

오후 세시 경, 마침내 라 빠스에 도착했다. 그러나 우리가 내린 곳은 엄밀히 말하면 라 빠스 외곽의 엘 알또 지역이었다. 신림동에 내려놓고 벌써 종로나 을지로에 온 것처럼 생각하는 것과 다름없었다.

이제 우리에겐 라 빠스 구 도심의 산 프란시스꼬 광장으로 가야한다는 새로운 미션이 생겼다. 처음에는 같은 라 빠스니 걸어 가다보면 나올 것이라고 생각했으

나 지나가는 사람들을 붙잡고 물어보니 시내까지 차를 타도 30분이 걸린다고 했다.

그러다 길에서 무엇을 사고 있던 아주머니(입고 있는 옷이며 말투, 몸짓이 부잣집 마나님 같은 인상을 주었다.)를 붙잡고 어떻게 하면 라 빠스 시내로 갈 수 있는지 물었다. 우리가 지금 버스를 타고 갈 돈이 없다는 사정을 설명하자 그녀는 선뜻 돈을 쥐어주면서 어디로 가서 버스를 타라고 일러주었다. 이런 횡재가! 무전여행을 하면서 수입이 생길 줄은 몰랐다.

우리는 기쁜 마음으로 버스를 탔다. 이곳은 우리나라처럼 버스 정류장이 있어 정갈한 번호판을 붙인 버스들이 질서정연하게 손님들을 태워가는 시스템이 아니었다. 수많은 미니버스들이 길을 가득 메우고 있었고, 차장들이 문 밖으로 몸을 내밀어 지나가는 사람들을 향해 목적지가 어디고, 요금이 얼마니 어서 타라고 소리를 질러댔다.

버스를 타면서 요금이 얼마냐고 물었더니 1.5볼리비아노라고 했다. 아주머니가 준 돈이 10볼리비아노였다. 어떻게든 돈을 아껴서 밥이라도 사 먹어볼까하는 생각에 1볼리비아노까지 깎아보려 했으나 어림도 없었다. 그런데 막상 차장에게 10볼리비아노 지폐를 쥐어주자 거스름돈으로 5.5볼리비아노만 돌려주는 게 아닌가. 어떻게 된 일이냐고 따지니까 좌석 한 자리를 당당히 차지하고 있는 우리 배낭에도 요금을 매겼다고 대답했다.

화가 나서 씩씩거리고 있는데 (가이드북에 따르면)양념절구형 분지에 위치한 라 빠스가 여느 안데스 도시들처럼 눈 아래로 펼쳐졌다. 라 빠스를 보자마자, 새로운 도시와 만날 때마다 생기는 경외감과 설렘 때문에 사실 딱히 잘못한 것도

아닌 차장을 용서할 수 있을 것 같았다.

산 프란시스코 광장에 내려 5볼리비아노짜리 덮밥 한 접시를 소연과 나눠먹었다. 남은 50센따보로 광장에 앉아 있다가, 귤 장수 할머니에게 귤 두 개를 샀다. 1볼리비아노에 귤 세 개를 팔던 할머니는 우리가 50센따보밖에 없다고 말하자 선뜻 귤 두 개를 건넸다. 오랜만에 달콤하고 즙이 많은 귤이었다.

광장에 앉아 있으면서 든 생각은 돈이 없으니까 하루의 계획이라는 것이 사라지면서 오직 배고프고 처량한 지금 이 순간만 남는다는 것이었다. 돈이 있을 땐 서둘러 숙소를 잡고 무엇을 먹을지 생각하며 레스토랑을 찾는다. 혹시라도 싸고 좋은 물건을 살 수 있을까 길거리를 돌아다니고 도시에서 유명하다는 장소를 관광한다. 하지만 지금은 돈이 없으니까 광장에 멍하니 앉아있는 것 말고 할 수 있는 게 아무 것도 없었다. 당장 한 시간 뒤의 일이 깜깜했다. 이 배고픔을 해결해야하는데 어떻게 하면 좋을지, 오늘 밤 어디서 추위와 범죄로부터의 위험을 피해야할지, 이 모든 것들이 불확실했다.

게다가 난 이유를 알 수 없는 어지러움과 무기력감 속에서 정신을 차릴 수 없었다. 라 빠스에서 꼭 가봐야겠다며 기대를 걸었던 장소들마다 특별할 것이 없다는 사실을 깨닫고 실망했다. 관광이 재미없었던 것은 아무래도 배고픔과 돈이 한 푼도 없다는 사실 때문이었을 것이다.

관광을 마치고 길거리를 시체처럼 돌아다니다가 도서관을 만났다. 소연이가 들어가 보고 싶다고 해서 우리는 공연히 도서관에 들어갔다. 도서관은 방 한 칸 뿐이었고 어린이나 청소년들을 위한 장소로 보였다.

우리는 라 빠스의 대학으로 가서 말이 잘 통하는 학생들을 만나 젊음이라는 공

통점을 계기로 친해져 밥도 얻어먹고 잠도 얻어 잔다는 원대한 계획을 세웠다. 사서 할머니는 친절하게도 어느 버스를 타면 대학교에 갈 수 있다고 일러주었다. 우리가 돈이 없다고 했더니 선뜻 2볼리비아노를 꺼내 손에 쥐어주었다.

사실 대학교에서 어쩌겠다는 계획은 한번쯤 가볍게 품어본 농담같은 것이었다. 그런데 그녀는 열정적으로 친절을 베풀며 대학교로 가지 않으면 안 될 것 같은 분위기를 조성했다. 우리가 머뭇거리자 버스 타는 곳까지 우릴 안내해주기까지 했다. 2볼리비아노로 밥을 사먹고, 대학교까지 간다면 걸어갈 생각이었는데, 이제 꼼짝없이 버스를 탈 수 밖에 없게 되었다. 내가 계속 머뭇거리자 소연이 밝은 목소리로 이렇게 말했다.

"이것도 운명인데, 거기서 만날 새로운 인연을 기대해보는 건 어때? 흘러가는 대로 우릴 내버려두자!"

결국 대학교를 방문했지만 기대했던 젊음의 공유는 이루어지지 않았다. 이곳은 구 도심으로부터 남쪽 멀리 떨어진 곳으로, 구 도심이 서울의 종로와 같다면 이곳은 젊은이들의 활기로 넘쳐나는 신촌과 같은 곳이었다. 거리와 상점들에서 현대적 도시의 풍모가 느껴졌다. 대학교에서 빌붙겠다는 계획을 포기하고 근처 경찰서를 찾았다. 문 앞에 서있던 경찰관들은 관광객을 위한 사무실이 건너편에 있으며, 그곳에서 공짜로 잘 수 있는 방을 제공해줄 것이라고 말했다.

사무실에 가서 우리 사정을 설명하자 젊은 여직원은 5볼리비아노를 건네며 가진 잔돈이 이것 밖에 없다고 했다. 그때 직원 중 한 명인 마리아가 자신이 한국인 선교사를 개인적으로 안다며 전화를 걸었다. 전화상으로 몇 마디가 오갔고, 마리아는 목사님이 우리더러 어느 호텔로 오라고 하셨다는 말을 전해주었다.

목사님은 우리에게 '별 세 개짜리' 호텔 방을 잡아주시고는, 대형 패스트푸드점으로 데려가 감자 튀김과 바나나 튀김이 포함된 닭다리 세트를 한 명씩 시켜주셨다.

다음 날, 라 빠스를 떠났다. 도시를 가득 채운 햇살과 거리들을 조금 더 누리고 싶었다. 빌딩숲 너머로 달력 사진처럼 펼쳐진 설산풍경도. 하지만 배낭 무게를 조금이나마 덜어보고자 꼬빠까바나 숙소에 버려두고 온 청바지처럼, 전부 이 도시에 홀가분히 남겨두고 떠나기로 한다. 도시에는 떠남만이 있을 뿐이다. 여행자는 머물 때보다 떠날 때 더 기쁨을 느끼므로.

어젯밤 호텔에서 공짜 인터넷을 할 수 있었다. 그리고 화정이 보육시설에 머물고 있으며, 오늘 아침에 광장에서 우리와 만나길 바라고 있다는 사실을 알게 되었다. 약속 시간은 아침 9시, 혹시라도 늦으면 화정과 형들을 만날 수 없을까봐 서둘러 택시를 타고 광장으로 향했다. 광장에 도착하자마자 벤치에 앉아 있는 형들을 발견했다.

느지막이 화정이 나타났다. 가방도 들지 않고 어슬렁어슬렁 알 수 없는 표정을 지으면서. 왜 이리 늦었냐고 물어보니까 보육시설에서 청소를 돕느라 늦었단다. 어젯밤까진 그토록 위급해보였는데 지금은 어쩐지 굳이 우리가 없어도 괜찮겠다는 생각이 들게 했다.

우리는 길거리에서 다 같이 밥을 먹었다. 무슨 축제기간인지 대학생들이 도로를 차지하고 행진을 하고 있었다. 우린 형들한테 담배와 물, 돈을 몇 푼 얻어냈다.

형들이 떠나고, 우리 셋은 화정이 묵었다는 보육시설을 찾아갔다. 시설 맞은 편에는 빵집이 있었다. 화정은 홀로 라 빠스를 방황하다가 우연히 이곳 빵집까지 흘러 들어 오게 되었다. 돈이 없는데 빵을 좀 달라고. 아주머니가 화정을 불쌍히 여겨 품에 안았고 화정은 자기도 모르게 눈물을 흘렸다고 했다.

보육시설은 갈 곳 없는 아이들과 알코올 중독자들을 수용하고 있었다. 그들은 제 맘대로 밖에 나올 수가 없었다. 초인종을 누르자 몇 사람이 창밖으로 고개를 내밀었다. 그들은 열쇠를 가진 시설 책임자가 외출해서 문을 열어줄 수 없다고 했다. 우린 하는 수 없이 대문 밖에 앉아 라 빠스의 거리와 햇살을 즐겼다.

도시의 전체 모습을 소유하고 싶다는 욕심은 부질없다. 도시는 사람에 따라 각기 다른 모습을 하고 있기 때문이다. 광장의 계단에 앉아 햇살을 즐기며 담배를 피우고 있는 지금 이 곳이 나의 라 빠스였다.

마침내 책임자가 돌아왔다. 화정은 자신이 어젯밤 머문 방을 보여주었다. 인터넷으로 구조 신호를 보낼 때만 해도 그녀는 하루 동안 혼자 견뎌야했던 절박한 시간들에 지쳐 있었다. 게다가 함께 있는 알코올 중독자들이 무서웠다. 하지만 그들이 보기보다 따뜻한 사람들이라는 사실을 깨달았고, 오늘 아침 눈을 떠보니 몸도 마음도 회복이 되었다. 심지어 광장에 나가지 말고 혼자 여행을 계속할까라는 생각까지 했다고 말했다.

소연과 나는 오늘 라 빠스를 떠나기로 마음을 먹었다. 골목을 따라 내려가는데 화정이 줄레줄레 따라왔다. 우린 당연한 듯 같이 내려가다가 화정을 놀려대기 시작했다.

"혼자 떠난다고 갖은 멋은 다 부리더니!"

하지만 솔직히 화정이 있어서 기운이 나고 즐거웠다. 그녀가 또 혼자 가겠다고 말했으면 많이 섭섭했을 것이다.

형들이 준 돈으로 버스를 타고 엘 알또로 돌아갔다. 노점상에 물어보니 도로 입구까진 또 버스를 타야 된다고 했다. 이럴 수가! 돈이 없어서 걸어갈 수밖에 없다고 말하자 노점상 주인아주머니가 동전 몇 푼을 쥐어주었다. 지난번의 부잣집 마나님에 이어서 노점상 주인까지, 필요할 때마다 사람들이 나서서 기꺼이 도움을 준다.

도로 입구로 나가자 길가에서 장사하는 아주머니들이 아주 많았다. 그들은 여기서 기다리라며 오루로까지 가는 차를 구별해서 알려주겠다고 했다.

아주머니들의 열성적인 도움에 힘입어 마침내 트럭을 한 대 잡았다. 우린 휑한 짐칸을 안방처럼 휘젓고 다니며 오루로까지의 여행을 즐겼다. 그런데 안데스 고원 위를 달리는 천장 없는 짐칸은 커다란 냉동고나 다름없었다. 모자가 날아갈 정도의 바람이 들이닥쳤고 몸이 얼어붙을 만큼 추웠다.

화장실이 급해져 짐칸 문을 열어달라고 했다. 우리가 화장실이 어디냐고 묻자, 운전자 부부는 사방을 가리켰다.

"바뇨 그라~안데(baño grande 커다란 화장실)"

마침내 오루로 초입에 도착했다. 그리고 남은 돈을 모두 털어 시내까지 들어가는 버스를 탔다. 뒤늦게야 그 돈이 아깝다는 생각이 들었다.

시내에 도착하자마자, 오줌 냄새가 진동하는 흙색 골목을 따라 도시를 내려다

보는 성당으로 올라갔다. 여기서 숙식을 해결해보고자 했기 때문이었다. 그러나 관리인은 현재 신부님이 안 계시므로 더 기다려보라고 했다. 기다리다니, 그럴 수는 없다. '지금 당장' 우리의 (배고픔과 휴식에 대한)욕구를 해결해줄 선량한 사람을 찾기 위해 우리는 성당을 나섰다.

그러다 눈에 띈 것이 가정 경찰서. 무슨 일을 하는 곳인지 구체적으로 알 수 없었으나 서 안에는 듬직한 여경들이 업무를 보고 있었다. 우리 사정을 설명하자 곧 있으면 우리를 안전한 곳으로 데려갈 사람이 올 것이라면서 경찰서 안쪽 방으로 안내했다.

화장실은 뒷마당 구석에 있었다. 불은 켜지지 않았고 문도 없었다. 때는 해가 질 무렵, 하늘이 음울한 청회색으로 흐려져 있을 때였다. 뒷간 상태에 신경 쓰던 시절은 이미 지나간 옛날 이야기였다. 나는 매우 개운하게 화장실을 나섰다. 마당 한쪽에 있는 수도꼭지를 틀어 손을 씼었다. 마당은 온통 흙바닥이었다. 휑뎅그렁한 도시에 걸맞는 휑한 뒷마당이었다.

마침내 경찰 한 명이 도착했다. 그는 우리를 호송차의 철창 안에 집어넣고 한참을 이동하더니 한 관광 경찰서에 내려주었다.

이들은 모두 우리가 당연히 강도를 당했다고 생각했다. 우유니에서 일행을 만날 계획이라고 했더니 우유니 행 버스를 태워주려고 했다. 그래서 우리가 자발적으로 돈 없는 여행을 하고 있으며, 당신들이 우릴 돕고 싶다면 버스를 태울 게 아니라, 그저 오늘밤을 위한 장소를 제공해달라고 열심히 설명했다. 그러나 관광 경찰서 직원이나 우리를 데리고 온 경찰 모두 사정을 전혀 이해하지 못하는 것처

럼 보였다. 내 스페인어 실력이 형편없기도 했지만 자발적인 무전 여행의 개념이 이들한테는 완전히 낯선 게 분명했다. 하지만 결국 그들은 반 억지로 이해를 했고 마침내 이곳 경찰서 안에서 하룻밤 묵고 가는 것을 허락해주었다.

여기서 근무하는 경찰 몇 명이 다가와 우리에게 말을 걸었다. 그중에 호아낀이 특히 호의적이었다.

호아낀은 근처 (아마 중국)식당에서 닭고기를 포장해 들고 왔다. 우린 닭고기와 밥, 국수까지 오물거리면서 맛있게 먹었다. 그러나 개 눈 감추듯 해치웠다고 말하면 거짓말이 될 것 같다. 물론 배가 많이 고팠다. 하지만 우린 지금까지도 그랬고 앞으로도 결코 음식을 개 눈 감추듯 흡입할 만큼 절박한 배고픔을 겪어보지 못했다. 왜냐하면 그 상태에 도달하기 전에 따뜻한 마음씨를 가진 사람들이 우리에게 먹을 것을 주었기 때문이다.

식사를 마치고 나니 칫솔질이 하고 싶었다. 하루 종일 얼굴에 뒤집어쓴 흙먼지와 땀도 씻어내고 싶었다. 경찰서 옆에 터미널이 있었으나 공공화장실들에서는 이용료를 요구하고 있었다. 이 난관을 어찌 타개하면 좋을지! 나는 심호흡을 한 번 하고 화장실 문 앞을 지키는 직원에게 이렇게 말했다.

"내가 돈이 없어서 터미널에서 잡니다. 제발 들여보내주세요."

통과!

경찰들은 서의 유리 칸막이 안쪽에 잠자리를 마련해주었다. 거의 무너져 내린 이층침대에서 화정과 소연이 자기로 했다. 그리고 나를 위해서는 바닥에 매트리

스를 깔아주었다. 매트리스는 여기저기 구멍 난 갈색 누더기였다. 입고 있던 옷을 그대로 입고 침낭 속에 들어간 다음 쾌쾌한 냄새가 진동하는 이불 몇 장을 내 몸 위에 지층처럼 쌓았다.

칸막이의 유리문을 닫으면 이곳은 밖과 완전히 단절이 된다. 경찰들은 우리가 모두 칸막이 안으로 들어가자 문을 닫고 잠갔다. 문이 밖에서 잠기자 위기감을 느꼈지만, 외부로부터 우리를 보호하려고 잠갔으리라 생각하며 이내 잠을 청했다. 그렇게 경찰의 보호를 받으며, 밤새 추위에 떨다가 깨기를 반복하면서 오루로에서의 하룻밤을 무사히 보냈다.

여행 28일째,
BOLIVIA

무전여행의 두 얼굴

뽀또시에 도착한 우리는 지도를 들고 무작정 가까운 교회들을 찾아다녔다. 목적은 물론 밥과 침대! 마침 미사가 진행 중인 한 성당을 발견할 수 있었다.

강렬한 원색을 뒤집어쓴 성인들이 우리 모두를 둘러싸고 있었다. 모양새부터 색깔까지 조잡한 솜씨였지만 그것도 안데스답다면 안데스다운 것이었다. 게다가 그 거친 정취가 기묘한 종교적 분위기를 만들어내고 있었다. 소연이 괜스레 추위를 느끼며 여기서 나가고 싶다고 말할 정도의 어떤 분위기. 특히 십자고상에 매달린 예수가 온몸으로 흘리는 피는 그 표현이 그악스러운 만큼이나 그가 겪은 육체의 고통 앞에 무릎 꿇고 싶게 만드는 힘이 있었다.

게다가 원주민의 검은 피부를 가진 신부님은 많아야 삼십대 중반으로 보였는데 작고 마른 체구에서 엄청난 에너지를 뿜어내고 있었다. 설교할 때 그의 눈에서 발사되는 안광과 불끈거리는 제스처에 나는 완전히 매료되고 말았다.

나 역시 그의 젊은 열정에 매료되었듯 신부님 주위에는 젊은 신도들이 많이 모

였다. 그날 저녁 우리와 함께 테이블에 둘러앉은 사람들도 그들이었다. 자리에 모인 모든 사람들이 푸짐한 요리와 함께 맥주와 담배를 양껏 즐겼다. 신부님은 대단한 애주가이자 애연가였다.

그는 아버지보다 더 아버지 같은 사람이었다. 스페인어로도 '신부님'과 '아버지'는 같은 단어다. 내뱉는 단어 하나하나에 힘이 실린 목소리. 작은 손짓, 눈짓만으로도 우리가 무엇을 원하는지 꿰뚫는 사려 깊고 자상한 눈빛을 가지고 있었다.

다음날은 무전여행 4일째였다. 모험도 좋지만 우리는 조금 지쳐 있었다. 풍족함이나 여유 같은 것들에 목이 말라있었다고나 할까. 1볼리비아노짜리 초코바도 원 없이 먹어보고 싶었다.

그때 우리 중 누군가가 재미있는 제안을 했다. 가진 물건들을 팔아서 딱 하루만 파티를 해볼까? '파티'라는 말은 그동안 배고픔과 모험의 긴장으로 쪼그라들어 있던 우리의 마음을 들뜨게 만들기에 충분했다.

현지인들에게 기념 선물로 주려고 산 김홍도 그림엽서와 '레모나'를 챙기고, 공항면세점을 거쳐 페루의 구멍가게에 이르기까지 사놓고 못 다 피운 담배들을 전부 쓸어 모아 광장으로 나갔다. 그리고 즉석에서 종이를 펼쳐 홍보문구를 쓰기 시작했다.

'한국에서 온 여행자들입니다. 돈이 없습니다. 여행을 계속하기 위해 물건을 팝니다.'

곧 광장을 지나가던 사람들의 이목이 집중되었다. 관악산에서 아이스크림을 팔기도 했던 우리지만 이 낯선 나라에서 좌판을 깔고 있자니 자꾸만 종이 뒤로 붉어진 얼굴을 숨기고 싶었다.

마치 신기한 구경이라도 난 듯 사람들이 모여들기 시작했다. 물건들은 순식간에 팔려나갔다. 나는 레모나를 들고 CF감 표정연기를 선보였다. 때로는 제값보다 훨씬 많은 돈을 주고 가는 고마운 사람들도 있었다. 한껏 용기를 얻은 우리는 아예 홍보문구와 물건을 들고 사람들을 찾아다니기 시작했다. 쭈뼛거리던 태도는 이제 간데없었다.

그때였다. 어디선가 마이크를 든 기자들이 우리를 향해 몰려들기 시작하는 게 아닌가.

"얼마나 여행하셨습니까?"

"어느 나라들을 방문하셨죠?"

"앞으로의 계획은요?"

"얼마나 경비를 모아야 여행을 계속할 수 있습니까?"

갑작스러운 인터뷰에 당황했지만 여행하면서 늘 들어온 질문들이었기 때문에 어떻게든 대답할 수는 있었다. 하지만 우리가 매스컴을 탄다는 사실에 흥분해서 지금 내가 뭐라고 말하고 있는지조차 모를 정도였다.

얼마 지나지 않아 우리들 주머니에는 70볼리비아노가 생겼다. 전혀 예상치 못한 수확이었다.

이날 우리는 우유니까지 가지 못했다. 우리가 무전여행의 마지막 밤을 보내게 될 도시의 이름은 뽀르꼬. 트럭이 우리를 그곳에 내려주기 전까진 이름도 들어본 적 없는 도시였다. 이곳에서 우리는 무전여행 중 처음이자 마지막이 될 파티를 열 예정이었다.

가까운 식당으로 무작정 들어가 푸짐한 치킨에 맥주까지 곁들였다. 한 맺힌 초코바로 주머니까지 두둑이 채우고 나니 낮에 벌어들인 돈이 전부 바닥났다.

그러나 쾌락도 잠시. 가게의 모든 닭을 흡입할 수 있을 것 같았던 위장은 불과 몇 숟가락 만에 채워져 버렸고, 기분에 취해 우겨넣은 닭과 초코바는 배부름을 넘어 불쾌함으로까지 이어졌다. 게다가 가진 돈을 전부 탕진하고 나니 그제야 익숙한 현실의 문제가 다시 우리를 괴롭히기 시작했다.

'오늘은 또 어디서 자야하지?'

낮에 쌓인 피로와 뱃속으로 밀어 넣은 음식 때문에 몸은 천근만근이었다. 우리는 식당 옆의 병원을 찾아가 로비에서라도 재워달라고 사정했다. 잠시 뒤 우리는 앰뷸런스에 실려 뽀르꼬의 어느 관청으로 실려 갔다. 그리고 마침내 관청 직원이

잡아준 여인숙에서 짐을 풀 수 있었다. 물도 나오지 않는 여인숙이었지만 그마저도 우린 너무도 감사했다.

주인이 떠다 준 물로 간단히 손을 씻고 쉬려던 찰나였다. 누군가 방문을 두드렸다. 열어보니 아까 관청에서 우리에게 숙소를 잡아준 남자가 손에 비스킷과 콜라를 들고 있었다.

"저녁 못 먹었죠? 일단 이것부터 먹고 같이 저녁 먹으러 갑시다."

우리는 아무 말도 할 수 없었다. 돈이 없어서 숙소도 못 잡는 우리가 치킨과 맥주로 배가 터지기 일보 직전이라고는 도저히 밝힐 수 없었기 때문이다.

그를 따라 간 곳에는 어르신들 몇 명이 방안에서 우리를 기다리고 있었다. 그들은 지난번 오루로에서 호아낀이 사준 것과 같은 도시락 세 개를 건넸다. 포장 용기 안에는 닭고기와 밥이 수북이 담겨 있었고.

"배고플 텐데 많이들 들어요."

이제는 닭고기 냄새만 맡아도 위장이 격렬한 거부반응을 보일 지경이었다. 하지만 우리는 마치 지금 뜨는 한 숟가락이 생명수라도 되는 양 도시락을 깨끗하게 비웠다.

그것이 왜 그리 미안했을까? 우리는 그들에게 돈을 잃어버렸다고 거짓말을 했다. 그래야만 우리에게 잘 곳을 제공해줄 것 같았기 때문이다. 그들은 가엾은 여행자들을 진심으로 도와주었지만 우리는 사실 조금도 불쌍하지 않았다.

뽀또시에서 번 돈을 아껴 썼더라면 여인숙 방 정도는 우리 힘으로도 잡을 수 있었을 것이다. 외국인 여행자가 돈 한 푼 없이 여행하기란 생각보다 쉽다. 모든 사람들이 우리를 도와주기 위해 준비되어 있다고 느껴질 정도였다. 어딜 가야 원

하는 도움을 얻을 수 있을지 우리는 이미 알고 있었다. 필요한 건 오직 불쌍해 보이는 표정과 정해진 대사뿐. 내가 무전여행을 통해 얻으려 했던 목적이 무엇이었는지 이제 회의감이 찾아왔다.

다음날 아침. 우리는 사막 한가운데 버려진 도시 뽀르꼬를 뒤로 한 채 우유니로 떠났다. 지나가는 차도 드물었고 그마저도 오늘따라 잘 잡히지 않았다. 우리가 할 수 있는 일은 그저 길목에 주저앉아 망연히 고갯길 너머를 바라보는 일 뿐이었다. 어제 산 초코바를 입에 물고 여전히 더부룩한 뱃속을 더 더부룩하게 만들면서.

땅을 뒤덮은 덤불들은 마치 일 년 안 감은 머리털 같았고, 허물어진 돌담과 집터로만 남은 마을 흔적 사이로 먼지바람이 지나갔다. 화석처럼 흔들리는 가시나무와 생명력 없는 걸음으로 무리지어 이동하는 야마 떼는 서로 닮아 있었다.

마침내 작은 트럭 한 대가 저만치 앞에서 멈췄다. 그리고 우리의 무전여행도 그렇게 끝이 났다. 저 앞에는 우유니가 있었다. 두 형들이 그곳에서 우리를 기다리고 있을 것이었다. 사막투어에 필요한 돈과 현금카드를 들고.

Bolivia

여행 31일째,
BOLIVIA

두 시간의 사막

기발한 여행자 이동훈이 겪은 두 시간짜리 모험 이야기다.

오늘은 우유니 사막 투어 첫날이었다. 태어나서 처음으로 만난 사막, 가슴이 뛰었다. 이것이 사막이냐며 흥분했다.

지프차로 투어를 시작하자 사막은 더 깊어지고 텅 비어 버렸다. 인간이 간신히 삶을 이어가던 땅은 곧 인간의 흔적이라고는 투어 지프의 바퀴 자국 밖에 없는 땅으로 바뀌었다. 마른 풀이 듬성듬성 자라있거나 게으른 동물들이 어슬렁거리던 땅은 멀리 보이는 바위산과 지평선만 남기고 모든 것이 지워진 땅으로 바뀌었다.

소금사막이 끝나고, 모래의 땅 위에서 일박을 하였다. 팀원들 사이에서 느끼는 질투나 짜증 따위의 불쾌한 감정들이 나를 괴롭히고 있었다. 그런 내 마음도 사막을 만나자 차분해졌다. 내가 어떤 인간인지 되돌아보게 되면서 사막과 함께 내

안으로 깊이 침전했다.

소금으로 지어진 숙소 앞에는 나지막한 언덕이 솟아 있어 지평선을 가리고 있었다. 저 언덕을 넘어가보고 싶었다. 저곳만 넘으면 나만의 사막이 눈 아래 펼쳐질 것 같았다. 때는 태양이 서쪽으로 미끄러지기 시작할 무렵, 사막의 밤은 어떠할지 상상도 하지 못했을 때였다. 안데스를 한 달여 간 여행했지만 나는 여전히 도시의 밤에 익숙해져 있었다.

가이드는 우리더러 저녁 먹기 전까지 알아서 쉬라고 말했다. 이때다 싶었다. 언덕은 매우 가까워보였기 때문에 잠깐 산책하는 기분으로 발을 옮기기 시작했다. 저녁 시간에 늦을지 모른다는 걱정은 조금도 없었다.

발밑에 낮게 깔린 나무들을 따라 지대가 서서히 높아지기 시작했다. 음료수 병 따위의 쓰레기들이 바닥에 널브러져 있다. 여기까지 와서 쓰레기를 버리고 가는 성의는 사뭇 신실하다. 인간의 흔적이라곤 없는 사막으로 뛰어들어 풍덩 빠졌다 오겠다는 결심을 했다. 거뭇거뭇한 흙이 신발 속으로 흘러들었다.

마침내 언덕 위로 올라섰다. 그러나 그 순간 눈에 들어온 풍경은 상상과는 달리 내 발 아래 끝없이 펼쳐진 사막이 아니었다. 언덕 정상은 평지로 이어졌고, 여전히 지평선은 가려져 있었기 때문이었다. 마음이 조급해졌다. 당장 나의 사막을 만나야만 했다. 바람에 휘청이는 나무들을 헤치며 발걸음을 빨리 했다. 이 언덕이 끝나는 곳에서, 비로소 나의 사막을 만날 것이다!

마침내 언덕도 끝이 났다. 지평선이 보였고, 내가 서있는 언덕의 전체 윤곽이 시야에 들어왔다. 그러나 여기서 만족할 수가 없었다. 당연히 언덕 아래로 내려

가 보고 싶었다. 마치 사막으로 다이빙하듯 언덕을 뛰어 내려갔다.

드디어 나는 사막의 품에 안겼다. 그러나 이미 사막의 품에 안긴 사람은 사막 전체를 조망할 수 없다. 그는 모래 고랑에 빠진 생쥐와 같다. 광활한 풍경과 지평선은 간데없고, 주위를 둘러싼 무서우리만치 많은 모래들을 헤치며 걸어가고 있을 뿐이다. 아무리 열심히 걸어도 한 시간 전이나 지금이나 별반 다르지 않은 풍경. 걸음을 내디딜 때마다 모래밭에 푹푹 발이 빠져 속도를 내기도 힘들었다.

하지만 기뻤다. 어린 시절부터 꿈꿔온 모험을 내가 지금 하고 있다고 생각하니 흥분이 되었다. 수많은 만화영화와 소설들이 떠올랐고, 마치 내가 그 주인공이 된 것만 같았다. 난 방랑을 하고 있다! 그리고 이 사막 위에서 철저히 혼자였다. 완벽한 고독과 자유. 풍덩! 모래밭 위에서 뒹굴었다. 꽃밭에 뛰어들어 행복해하는 하이디처럼.

그러나 어느덧 하늘은 자줏빛으로 물들고 있었다. 태양은 이제 곧 지평선으로부터 빛을 거두리라. 두려움이 조금씩 마음을 침식해 들어오기 시작했다. 하지만 위험 없는 모험이 어디 있겠는가. 나는 흥분된 마음을 가라앉히고 다시 언덕을 넘기 시작했다.

그때 멀리서 들개 짖는 소리가 들려왔다. 사막을 헤매는 들개 떼인가? 지금 당장 놈들의 기습을 받는 상상을 하자 갑자기 머리털이 쭈뼛 섰다. 언덕 위에서 두 눈이 불처럼 이글거리는 들개가 나타난다면?

두려움은 더 이상 모험의 낭만으로 포장할 수 없는 수준이 되었다. 들개 짖는 소리가 사실은 바람막이 잠바가 스치면서 내는 소리란 게 밝혀지고도 뒷골에 박힌 두려움은 사라지지 않았다.

언덕을 오르자 서쪽 지평선 가까이 두 봉우리 사이로 해가 지고 있었다. 숙소는 여기서 해지는 방향으로 일직선상에 있었다. 태양을 향해 똑바로 걷기만 한다면 숙소까지는 금방일 것 같았다.

태어나서 이처럼 절박한 심정으로 태양의 일거수일투족을 감시한 적은 없었다. 발밑이 희끄무레한 어둠 속으로 녹아들기 시작했다. 카메라를 꺼내 발밑을 비추지 않으면 안 될 정도였다.

이상하게도 아까는 짧게만 느껴졌던 정상의 평지가 지금은 도무지 끝날 기미를 보이지 않았다.

길을 잃은 건가?

그러자 문득 사막을 떠도는 어느 귀신에 대해 생각이 미쳤다. 사막에서 길을 잃은 여행자의 뒤를 밟으며 몰래 그의 발자국을 지우는, 그리고 여행자가 절망 속에서 내뱉는 혼잣말에 이렇게 대답한다.

"그래, 넌 여기서 죽을 거야."

가슴이 덜컹 내려앉았다. 설마 내가 여기서 죽기야 하겠어? 열심히 걸어서인지 밤이 되어도 그렇게 춥지는 않았다. 혹시 여기서 밤을 새더라도 아침이 오면 금방 숙소를 찾을 수 있으리라. 여전히 사태를 객관적으로 조망하는 관객으로서의 내 자신이 말했다.

사막은 신비한 능력을 가지고 있다. 출발할 때는 멀기만 했던 목적지도 걷다보면 가깝게 느껴진다. 그러다가 밤이 내리면 그곳은 결코 도달할 수 없을 만큼 까마득한 곳이 되어버린다.

때때로 키 큰 나무나 바위 그림자들이 불쑥 다가와 나를 놀라게 하고는 했다.

하지만 두려움에 잡아먹히지 않으려 애쓰며 열심히 걷고 또 걸었다. 마침내 저 멀리 불빛이 보이기 시작했다. 언덕이 끝난 것이다.

숙소라고 여겨지는 불빛을 향해 내달았다. 나올 땐 그렇지 않았는데 막상 돌아가려니 지독히도 멀었다. 오던 길에는 없던 냇물이 가로놓여 있고 느닷없이 철사줄에 다리가 걸리기도 했다. 건물에서 흘러나오는 빛은 희미하기 짝이 없었다. 실내의 밝지 않은 조명으로부터 말 그대로 새어나오는 빛이었다.

마침내 건물 담벼락과 마주쳤다. 우리 숙소에 담 같은 건 없었다. 영 다른 건물로 와 버린 것이었다. 이제 그만 숙소로 뛰어들어 팀 사람들을 만나고 싶었다. 식탁 앞에 앉아 따뜻한 차나 스프를 먹고 싶었다. 어쨌든 지금 당장은 숙소를 찾아 다시 어둠 속으로 뛰어들 자신이 없었다. 담벼락을 돌아 입구를 찾았다. 안마당

을 가로질러 불빛이 새어나오는 쪽으로 다가갔다.

똑똑.

노크를 하고 문을 열었다. 통나무로 지어진 오두막이었다. 테이블에 모여 앉아 차를 마시고 있는 백인 관광객들이 눈에 들어왔다. 그들의 시선도 일제히 나를 향했다. 주절주절 사정을 설명하자 그들은 안타까워하며 자리를 권했다. 따뜻한 차와 과자, 그리고 담배까지.

그들은 내게 걱정하지 말라며 자기네 가이드들이 돌아오면 내 사정을 말해주겠다고 했다. 나를 둘러싼 모든 것들이 따뜻했다. 몇 사람이 밖으로 나가보더니 깜깜해서 아무것도 안 보이는데다 엄청 춥다며 도로 들어왔다.

"이 시간이 기억에 남을 순간이 될 거야."

한 금발 머리 여자가 내게 말했다.

가이드들이 돌아왔다. 관광객들은 다음 장소로 이동했다. 식사를 마친 가이드들이 숙소까지 태워주겠다며 나를 불렀다. 문을 열고 나가는데, 밤하늘을 가득 채운 별들이 아까와는 달리 아름답기만 했다.

잠시 뒤,

"동훈이야?!"

팀 사람들이 내 이름을 부르며 다가오는 소리가 들렸다. 그들 뒤로 눈에 익은 소금 집이 어둠 속에서 빛나고 있었다.

그렇게 기발한 여행자 이동훈이 사막에서 겪은 두 시간의 모험은 끝이 났다.

Bolivia

산 뻬드로San Pedro de Atacama(8/2)
안또파가스따Antofagasta(8/4)
라 세레나La Serena(8/6)
산띠아고Santiago de Chile(8/7)
발빠라이소Valparaíso(8/9)

제3부
칠레
Chile

칠레 CHILE

이때부터 나는 마치 반짝이는 것에 눈이 멀어, 탐욕스럽게 보물을 긁어모으는 도굴꾼처럼 행동하기 시작했다. 인간의 흔적도 없고, 끝도 없는 사막을 만나야만 해! 저 너머로만 가면 나의 사막을 만날 수 있을 거야! 그러나 그 너머에는 아까와 똑같은 풍경, 그리고 또 다른 '저 너머'가 있을 뿐이었다.

여행 34일째,
CHILE

사막의 교훈

여행을 하면서 우린 현지인들을 여러 번 당황시키고는 했다. 리마 교외에서 처음 히치하이킹을 시도할 때, 돈이 없다며 택시기사 손 위에 김홍도 그림엽서를 올려놓았을 때, 기찻길을 따라서 걸어 돌아가겠다며 돈을 돌려달라고 우길 때도 그랬다. 남들처럼 여행하면 될 것을 공연히 엉뚱한 상상력을 발휘하면서 우겨대니 현지인들도 별 도리가 없었다. 칠레-볼리비아 국경에 위치한 오아시스 마을 산 뻬드로 데 아따까마에서도 우린 또 한 번 현지인들을 당황스럽게 만들고 있었다.

"사막에서 하룻밤을 자려고 하는데요. 어딜 가야 사람의 흔적이 없는 사막을 발견할 수 있을까요?"

마치 안데스 산맥 위로 운석이 충돌하여 대지의 굴곡과 초목이 통째로 날아가 버렸다면 이런 모습일까. 아따까마 사막 가장자리에 위치한 관광 마을 산 뻬드로에서는 사막을 이용한 갖가지 오락거리들을 고안하여 팔고 있었다. 마을 주변의

많은 골짜기들 중 몇 군데를 찍어 지프차를 타고 가기도 하고 걸어서도 가고, 자전거를 타고도 가고 또 말을 타고도 다녀올 수 있는 무궁무진한 놀이거리의 메뉴들이 관광객들을 위해 완비되어 있었다. 가장 유명한 관광지는 '달의 계곡'과 '죽음의 계곡'이었다. '죽음의 계곡'에서는 샌드 보드도 탈 수 있었다.

하지만 정작 사람의 발길이 닿지 않은 사막을 만나려면 어디로 가야하는지는 여행사 직원들도 알지 못했다. 캠핑 장비를 대여하는 시스템도 전혀 없었다. 랜턴은 간신히 구할 수 있었지만, 코펠 따위를 빌려주거나 파는 곳은 없었다. 하긴, 캠핑하겠다고 작정한 사람들이 우리처럼 아무런 준비없이 여기까지 오지는 않을 것이다.

산 뻬드로는 따뜻했다. 사막의 건조한 햇살은 골목길과 흙담을 따뜻하게 덥혔다. 게다가 뜨거운 물도 샤워기에서 콸콸 쏟아졌다. 페루와 볼리비아를 지나오면서 우리들을 가장 괴롭혔던 것 중 하나가 바로 물이었다. 샤워기에서는 얼음장처럼 차가운 물이 쏟아졌다. 그래서 우린 숙소를 잡을 때마다 뜨거운 물부터 확인하고는 했다.

"아구아 깔리엔떼(agua caliente)?"

물론 '그렇다'는 대답도 곧이곧대로 믿을 수는 없었다. 미지근한 물 온도에 희망을 걸었다가 차갑게 배신 당한 적이 한두 번이었던가! 하지만 칠레에서부터는 노파심에서라도 굳이 확인할 필요는 없었다.

뒷덜미에 닿는 물의 온도는 감격스러웠다. 그래, 이런 것을 샤워라고 부르는 거였어. 바깥에 나와 앉아있으면 햇살이 따가웠다. 그만큼 숙소뿐만 아니라 마을

전체에 따스한 기운이 가득했다. 뼛속까지 쌓여있던 묵은 피로가 훨훨 날아가 버린 것 같았다. 수건으로 여유롭게 몸을 닦아내는 일이 이렇게 기분 좋은 것이었다니. 머리를 말리며 햇살 아래로 걸어 나올 때의 기분은 말로 다 할 수 없었다.

다음날 아침, 느지막이 10시쯤 일어난 우리는 마을 여기저기서 재료를 구해 스파게티를 해먹고는 듬직해진 배를 쓸어내리며 햇살 아래 앉아있었다. '사막에서 하룻밤을 보내자'라는 제안은 그때 나왔다. 화정과 나는 상상만으로도 가슴이 벅차올라 "찬성!"을 외쳤다. 소연은 잠시 망설이더니 이내 함께하기로 결심했다. 그러나 두 형은 우유니에서의 뼈 시린 밤을 떠올리며 고개를 가로저었다.

그러고서 사막에서의 하룻밤을 준비한답시고 온 마을을 헤집고 다녔던 것이다. 우리가 쑤시고 들어가지 않은 골목은 없었다. 그러다보니 어느덧 오후 네 시, 우린 정작 사막으로 들어가기도 전에 완전히 지쳐버리고 말았다.

"안 되겠다. 시원한 뭐라도 마시면서 잠깐 쉬자."

소연은 광활한 아따까마 사막 한복판으로 뛰어들고 싶어 했다. 모래의 땅이 지평선을 그리며 하늘과 만나는 그런 사막. 죽음의 계곡이니, 달의 계곡이니 하는 것들은 사실 우리가 꿈꿔온 사막과는 많이 달랐다. 사막을 만나고 싶다면 응당 우리가 떠올린 바로 그 사막으로 가야한다고 그녀는 주장했다.

하지만 여행사에서 들은 정보에 따르면 그 과정이 조금 까다로웠다. 먼저 아따까마 사막을 가로지르는 도로를 따라 다음 도시로 내려가는 버스를 탄다. 도중에 차를 세워서 내린다. 나침반을 보고 서쪽을 향해 마냥 걷다가 적당한 위치에 텐트를 친다. 다음날 아침, 나침반을 보고 동쪽으로 걸어 나와 어제의 도로를 만난

다. 방향이 헷갈려 길을 잃을 위험도 배제할 수는 없었다.

반면, 나는 '죽음의 계곡'으로 가고 싶었다. 걸어서 한두 시간 거리인데다가 어딘지 앞의 과정들은 너무 인위적이고 번거롭게 느껴졌다. '텐트 치기 적당한 장소'보다는 그래도 이름이 멋진 '죽음의 계곡'이 더 그럴싸해 보였다.

그렇다면 결정은 화정이가 누구의 손을 들어주는가에 달려있었다. 그리고 나의 판정승. 하지만 지금 생각해보면 아따까마를 만나지 못한 것이 못내 아쉽다. 앞으로 이야기할 테지만 우리가 그토록 바라던 '사람의 흔적 없는 사막'은 죽음의 계곡에서 결코 만나지 못했기 때문에.

두 달간의 여행에서 사막은 시간상으로도 중간에 위치했지만 여행의 전과 후를 갈라놓은 기점이 되기도 했다. 여행을 떠나기 전부터 내가 꿈꾸던 것은 바로 삶을 송두리째 바꿔놓을 결정적인 한 순간이었다. 영화의 클라이맥스처럼 가슴 벅찬 배경음악과 함께 주인공들은 삶과 죽음을 가르는 모험 속으로 뛰어든다!

그러나 페루의 험난한 비포장 길과 볼리비아 무전여행을 거치면서 내 마음도 조금씩 지쳐갔다. 현실과 꿈이 늘 같을 수만은 없었다.

히치하이킹도 일종의 게임으로 변질되었다. 우리는 돈이 없다고, 강도를 당했다고 거짓말을 해야만 했다. '돈을 내지 않고 이동한다'라는 규칙을 어기지 않으면서 목표를 달성하는 게임. 히치하이킹으로 길과 사람을 만나겠다는 낭만은 부서지고 '절대 돈은 낼 수 없다'라는 편집증적 강박만 남았다.

그러나 사막을 지나면서부터 무엇인가 달라지기 시작했다. 일단 칠레의 교통

법규상 사람은 짐칸에 탈 수 없었다. 그래서 우리 다섯 명이 차 한대에 타기는 불가능해졌다. 우리는 아침마다 편 가르기를 해서 팀을 나누었다가 다음 목적지에서 약속장소를 잡아 만나기를 반복했다. 이것은 여행에 신선함과 속도감을 가져다주었다.

안데스의 절박한 풍경과 오줌 냄새 진동하는 도시만 알던 우리에게 칠레 도시들은 풍경의 일대 혁명이었다. 가로등 불빛을 받아 새하얗게 반짝이는 광장과 거리. 고산지대의 찬바람과 사막에 지친 여행자들에게 도시의 아름다움은 지극히 달콤했다.

여행은 이제 새로운 산소를 공급받은 듯했다. 어떤 문제들은 여전히 계속되었지만 또 꽤 많은 문제들이 더 이상 문제가 아니게 되었다. 하얀 피부의 사람들, 잘 닦인 도로, 깨끗이 세차한 트럭, 그리고 새로운 사건들. 이 모든 것들이 이제까지와는 전혀 다른 색깔로 여행을 채색하기 시작했다. 여행은 분명 새로운 국면으로 접어들었다.

그리고 이것은 사막을 기점으로 일어난다. 이제부터 이곳 사막에서 겪은 충격적이고 교훈적인 사건에 대해 이야기하려 한다.

형들이 우리를 배웅했다. 마을의 끝자락, 저녁 햇살은 흙담에 기대 졸고 있었고 나뭇가지 그림자가 소리 없이 흔들렸다.

언덕을 하나 넘자 우리 앞을 가로막는 아스팔트 도로가 나타났다. 벌써부터 어깨에 매달린 배낭이 무거워지면서 숨이 차고 땀이 흘렀다.

그때 저 멀리 한 무리의 기수들이 보였다. 투어 중인 관광객들 같았다.

"죽음의 계곡은 어디로 가나요?"

하얀 얼굴의 관광객들 사이로 까만 얼굴의 가이드가 나타나 손가락으로 어딘가를 가리켰다. 그곳에는 좁다란 흙길이 아까부터 우리의 시야를 가로막고 있는 산줄기로 향하고 있었다.

산줄기라고 해봤자 높이는 오 층 아파트보다 낮았다. 그저 생긴 모양새만 그럴싸한 모래언덕일 뿐이었다. 상어 지느러미처럼 날이 선 정상에 서니, 우묵한 분지가 붉은 저녁 햇살을 담아내고 있었다.

쓰레기들과 하수구에서 흘러나온 물 자국이 서로 뒤엉켜 있는 새까만 둔덕을 오르자 또 다시 아스팔트 도로가 우리 앞을 가로막았다. 우리는 사막 속으로 들어가고 있는게 아니었다. 그저 길도 아닌 곳을 열심히 걷고 있었던 것이다.

그때 표지판 하나가 눈에 띄었다.

'죽음의 계곡'

그것은 도로 너머로 난 좁은 흙길을 가리키고 있었다.

길 위로 양편의 모래언덕이 그림자를 드리웠다. 잠시 걷다보니 뒤에서 차 한 대가 달려왔다. 짐칸 달린 하얀색 도요타였다. 나는 달리는 차 꽁무니로 달려가 올라타는 시늉을 했다. 장난이었는데 갑자기 차가 멈췄다. 우리끼리 웃으며 좋아하다가 그만 얼어붙고 말았다. 백미러로 나를 본 모양이었다. 그때 운전자가 쑥 하고 고개를 내밀더니 이렇게 말했다.

"타!"

모양새만큼은 바로 〈인디아나 존스〉를 찍어도 될 만큼 그럴싸한 계곡을 빠져나오자마자 차가 멈췄다. 운전자는 여기가 '죽음의 계곡'이라고 했다. 여전히 그

럴싸한 흙더미들의 계곡일 뿐이었다. 사실 어디가 죽음의 계곡인지는 별로 중요하지 않았다. 어쨌든 이곳은 우리가 생각했던 사막이 아니었다. 어디든 여기보다는 나을 것 같았다. 우린 여기서 멈출 수 없었다.

모퉁이를 돌자 오르막길이 시작되었다. 오른편을 따라 가파른 모래 산이 서 있었다. 샌드 보드를 타는 많은 사람들이 모래 위에 우아한 곡선을 그리며 활강했다. 길은 두 개의 봉우리 사이로 사라져 여기서는 보이지 않는 미지의 세계로 이어졌다. 그 틈으로 저녁 햇살이 새어들고 있었다. 저 봉우리만 돌면 눈 앞에 어마어마한 사막이 펼쳐져 있을 것만 같았다. 그곳은 말하자면 내 꿈의 장소로 통하는 일종의 '게이트'였다.

'게이트'로 향하는 길은 쉽지 않았다. 바퀴자국과 인간들의 발자국이 뒤엉킨 모래의 늪. 발을 옮길 때마다 푹푹 빠지는 길을 쉬지 않고 걸었으나 나와 '게이트' 사이는 좀처럼 좁혀지지 않았다. 이 세상에는 오직 나와 저 '게이트'만이 존재했다.

그리고 마침내 머리 위로 치솟은 두 봉우리 앞에 도착했다. 잠깐 뒤를 돌아보며 숨을 돌리고 모퉁이를 돌았다. 그곳에…… '어마어마한 사막'은 없었다. 그저 바퀴자국들만이 서성대는 또 다른 길이 이어질 뿐. 그리고 떨어지는 태양으로부터 정확히 내 이마를 향해 쏘아지는 따가운 햇살.

이때부터 나는 마치 반짝이는 것에 눈이 멀어 탐욕스럽게 보물을 긁어모으는 도굴꾼처럼 행동하기 시작했다. 인간의 흔적도 없고 끝도 없는 사막을 만나야만 해! 저 너머로만 가면 나의 사막을 만날 수 있을 거야! 그러나 그 너머에는 아까와 똑같은 풍경, 그리고 또 다른 '저 너머'가 있을 뿐이었다.

아니다, 사막은 결코 나를 배신할 수 없다. 벌써부터 희망을 버릴 내가 아니다. 길가엔 나들이 나온 어느 가족의 자가용이 한 대 서있고, '까르르'거리는 아이들의 웃음 소리가 들려도 아랑곳하지 않았다. 나는 더 멀리 가면 되니까.

길은 점점 평지로 이어졌다. 내가 어디쯤 와 있는지 확인하고 싶었다. 다른 두 사람은 이미 한참 뒤처져 있었다. 나는 숨도 돌릴 겸 아까부터 내 왼편을 따라 이어지던 언덕 위로 올라갔다. 그리고 그곳에서 내가 본 것은,

아스팔트 도로.

머리를 세게 한 대 맞은 기분이었다. 인간의 흔적이 없는 사막으로 점점 더 깊이 들어가고 있다고 생각했는데, 알고 보니 줄곧 인간이 만든 가장 강렬한 흔적 중 하나를 따라 걷고 있었던 것이다!

태양은 이미 붉은 머리카락만 남긴 채 모습을 감추었고, 사막의 밤이 빠른 속도로 다가오고 있었다. 마침내 탐욕스러운 도굴꾼은 결단을 내릴 수밖에 없었다. 이제는 '저 너머'를 체념해야 할 시간이었다.

장작이 될 만한 마른 나뭇가지들을 보이는 족족 집었다. 그러다보니 품에 안을 만큼 많아졌다. 그래도 캠핑을 한다면 한길보다는 건너편 구릉지에 자리를 잡는 쪽이 좋을 것 같았다. 화정과 소연에게 사인을 보낸 뒤, 도로를 건넜다.

그리고 적합한 장소를 물색했다. 땅이 평평하고 바람을 막을 수 있도록 언덕을 등진 곳. 우리는 어둠 속에서 이 언덕 저 언덕을 오르락 내리락했다. 그리고 마침내 두 봉우리 사이에 끼인 좁은 평지를 찾았다.

해는 이미 완전히 져서 사방이 어두웠다. 산 뻬드로에서 구입한 랜턴을 비춰가

며 텐트를 쳤다. 군필자 지원 형이 없으니 아무래도 쉽지 않았다. 대략 비슷하게 모양만이라도 갖추는 데 만족하기로 했다.

텐트 앞에 쭈그려 앉아 담배를 한 대씩 물었다. 멀리 내려다보이는 도로를 따라 오렌지색 전조등 불빛들이 오고 갔다. 우스웠다. 그리고 난감했다. 자, 꿈에 그리던 사막과 텐트다 이제 어쩔 거냐?

그래도 나름의 정취는 있었다. 가지고 온 장작으로 모닥불을 피우고 팩 와인도 돌려 마셨다. 이내 밤하늘에 별들이 쏟아지기 시작했다. 은하수는 언제부턴가 당연한 것이 되어있었고, 그렇게 우리의 관심에서 멀어졌다. 하지만 오늘밤은 달랐다. 우리는 은하수를 올려다보며 괜스레 감상에 젖었다.

생각보다 춥지는 않았으나 그래도 시간이 지나면서 꽤 쌀쌀해졌다. 우리는 가지고 온 침낭 하나를 바닥에 깔고 다른 하나를 무릎 위에 덮은 채로 누웠다.

오늘의 경험이 마치 이번 여행의 완벽한 비유처럼 생각되었다. 나는 무엇을 바라 여기까지 온 것일까? 내가 그토록 바라마지 않은 순간을 경험하지 못했으니 한국으로 돌아가면 이제 무엇을 바라며 살아야 할까? 인생의 단물은 빠져나가버렸다. 이후의 삶에 대한 아무런 기대도 없었다.

어느새 땔감이 다 타버렸다. 어떻게든 불을 꺼뜨리지 않기 위해 가진 종이를 전부 태웠지만(돈은 없어서 못 태웠다.) 우리의 캠프파이어는 한 시간도 채 가지 못했다. 불도 꺼졌고 할 이야기도 없었다. 이제 그만 잘까?

텐트로 기어들어가 침낭 두 개를 바닥에 깔고 각자 자기 침낭 속으로 들어갔다. 문득 신림동 어느 고기 집에서 지원 형과 삼겹살 굽는 장면을 상상했다. 그리

고 참 이상하게도, 기대가 되었다.

문득 눈을 떠보니 텐트 밖이 밝았다. 동이 터오고 있었다. 밤새 실외는 춥고 실내는 따뜻해서 텐트벽 안쪽에 맺힌 물방울들이 흘러내려 침낭을 흥건히 적셔놓은 모양이었다. 두 사람은 아직도 곤히 자고 있었다. 문득 갇혀있다는 느낌에 숨이 막혀왔다. 막혔던 숨을 토해내듯 텐트 밖으로 기어 나왔다.

저 멀리 넓적하고 경사가 완만한 언덕이 보였다. 난 무엇에 이끌리 듯 언덕을 향해 걸었다. 왠지 저 너머로 가슴을 칠 풍경을 만날 수 있을 것만 같았다. 어쩌면 어제는 운이 따라주지 않았을 뿐일지 몰라. 오늘 아침에도 성공하지 말란 법은 없잖아? 끝까지 포기하지 않고 노력하는 사람에게 행운은 찾아오는 거야.

마침내 언덕의 정상에 섰다. 너머는 깊은 절벽. 아래로 분지가 형성되어 있고 바닥에는 고만고만한 언덕들이 여전히 '그럴싸한 모양새'로 늘어서 있었다. 놀랍지만, 그다지 놀라울 것도 없는 풍경. 모든 게 이런 식이다. '너머의 미지의 세계란 없다.' 이것은 사막의 교훈이었고, 사막의 교훈에는 예외가 없었다.

마침내 해가 뜨고 사막은 또 한 번 자줏빛으로 물들었다. 우유니 투어 마지막 날 아침, 해가 뜨는 순간 사막은 지금처럼 자줏빛으로 물들어 있었다. 사막을 구성하는 모든 요소들이 일제히 깨어나 인간의 귀에는 들리지 않는 노래를 합창했다. 그런데 지금 여기서 어쩌면 사막은 깨어나는 게 아니라는 생각이 들었다. 아침이 왔고, 사막은 '여전히' 그곳에 있었다. 나도 마찬가지였다. 사막을 만났다. 그리고 나는 여전히 나다. 내 인생의 전환점이 될 순간은 사막에서도 찾아오지 않았다.

텐트를 찾아가는 길은 생각보다 어려웠다. 모든 언덕이 똑같이 생겨서 서로 구별이 안 됐기 때문이었다. 길을 잃었다고 생각할 때쯤, 사막 한가운데 버려진 과자봉지마냥 위화감을 풍기는 우리의 안식처를 찾아냈다. 두 사람은 아직도 자고 있었다.

우리는 텐트를 그 자리에 버려둔 채 도로로 나갔다. 텐트는 여전히 그곳에 있을까? 워낙 도로와 가까워서 발견되기도 쉬웠을 것이다.

그리고 이날 오전 우리는 산 뻬드로와 작별했다. 그리고 사막과도. 안녕, 나의 사막, 내가 꿈꾸던 너는 만나지 못하고 떠나지만 예상치도 못한 너의 교훈은 나를 진정 서글픈 사람으로 바꾸어 놓았네.

여행 36일째,
CHILE

태평양을 따라서

우리가 칠레에서 본 바다는 태평양이었다. 황해도 아니고 동해도 아닌 태평양. 칠레의 바다에선 결코 일출을 볼 수 없다. 태양이 아르헨티나의 초원을 가로질러 안데스를 넘으면 비로소 칠레에 아침이 온다.

한 달 넘게 안데스 고원과 사막을 헤매던 우리는 마침내 바다를 만났다. 칠레 북부 도시 안또파가스따의 해안. 수평선만이 바다와 하늘의 경주가 어떻게 끝나는지를 알고 있는 그런 풍경을 기대했건만 도시를 닮은 안개가 해안을 휘감고 있었다. 안개 때문인지 여행에서 쌓인 피로 때문인지 몸도 마음도 지쳐 있었다.

히치하이킹의 편의를 위해 팀을 나누었다. 나와 라 세레나 가는 길을 함께할 사람은 걸희 형. 형은 바다를 보고 싶다고 했다.

여기저기를 전전하다가 마침내 대형 마트 옆 산책로에 자리를 잡고 바다를 구경했다. 높은 건물을 짓는 공사장이 바다를 향해 위협적인 몸짓을 해보였고 해변

을 따라 고층 건물들이 줄지어 서있었다. 안개 속에 가려진 저 너머까지. 아무래도 머릿속을 깨끗이 비워줄 파도 소리와 온 가슴에 채워 넣고 싶은 수평선을 보려면 이곳은 적합한 장소가 아닌 것 같았다.

길을 걷다보니 바다를 건너온 화물들을 부리는 장소를 만났다. 까미온(camión 화물트럭)들이 몇 대씩 흘러나오고 있었다.

"라 세네라로 가는 차도 있나요?"

"오, 여기서 나오는 차들은 전부 이 도시 안에서만 일해."

칠레 국경을 넘으면서 가장 직접적으로 와 닿는 차이점이 바로 이것이었다.

페루나 볼리비아 사람들이라면 이렇게 되물었을 것이다.

"어째서 버스를 타지 않지? 버스가 훨씬 편리한데? 히치하이킹 쉽지 않아요!"

"아닙니다. 차라리 걸을게요."

반면, 칠레 사람들은 어디로 가면 라 세레나행 까미온을 잡을 수 있는지 알려준다.

그들은 우리가 까미온을 찾거나 엄지손가락을 들 때부터 깨닫는다. 저들은 모험을 하는 친구들이군? 쉽지는 않겠지만 굳이 원한다면야.

해변을 따라 걷다보니 고층건물들이 사라지고 산책로가 나타났다. 걷다가 엄지손가락을 들기도 했지만 차는 쉽게 서지 않았다. 우리는 일단 빤 아메리까 고속도로 입구까지 가는 차를 잡기로 했다. 연달아 실패한 끝에 마침내 뒷좌석에 거대한 개 사료를 싣고 가는 한 젊은 여자의 차를 얻어 탈 수 있었다.

그녀가 우릴 내려준 곳은 교차로. 여기서 고속도로 입구로 이어지는 길이 시작

되었다.

우리는 길을 따라 무작정 걷기로 하였다. 도로는 모래 언덕 사이로 난 완만한 오르막길이었다. 지나가는 차들은 거의 없었고 우리는 한가로운 대화와 산책(비록 배낭을 짊어지긴 했지만)을 즐겼다. 모퉁이를 돌면서 도시와 바다는 시야에서 사라졌다. 사막기후의 건조하고 맑은 하늘과 태양빛에 반짝이는 바다가 잘 어울리는 안또파가스따는 이렇게 (어쩌면 내 인생에서) 마지막 인사를 고했다.

그런데 모퉁이를 다 돌기도 전에 깜짝 놀랄만한 일이 생겼다. 반대편으로 자전거를 타고 내려오던 한 젊은 남자가 멈춰 서더니 우릴 부르는 게 아닌가. 가까이 다가가자 들고 있던 종이봉투를 쥐어주고는 아무렇지 않게 가던 길을 갔다. 기름이 배어나온 봉투 안에는 빵 세 조각에다가 치즈, 햄 슬라이스까지 들어있었다. 마요네즈는 덤. 그라시아스!

그리고 우린 마침내 빤 아메리까 고속도로의 입구에 도착할 수 있었다. 황량한 모래땅 위에 드문드문 들어선 공장들과 햇살로 흐려진 하늘뿐인 이곳에서 우리는 조그만 건물 벽에 기대 앉아 선물과도 같은 점심을 먹었다. 빵 위에 치즈와 햄 슬라이스를 얹고 마요네즈를 뿌려 한입 베어 물면, 이제 한국 음식 따위 그립지도 않다. 식사 끝. 이제 차를 잡을 시간이다.

칠레에서도 경찰들이 도로 입구를 지킨다. 이동하는 차량을 검문하기 위해서다. 페루나 볼리비아에서는 이들 경찰의 도움으로 차를 잡은 적이 여러 번 있었다. 통행증을 검사하면서 지나가는 말로 외국에서 온 여행자들이 죽치고 있는데 좀 태워갈 수 있는지 물어봐주는 것이다. 이곳에도 조그만 초소가 있었다.

초소로 불쑥 찾아가 우리 소개를 했다. 아직도 선명히 기억나는 한 사람은 가운데 이빨은 어디다 빼놓았는지 개구쟁이 미소를 지을 때마다 허전한 치아열이 고스란히 드러나는 젊은 경찰이었다. 그는 미소만큼이나 짓궂은 사람이었다. 사정은 알았으니 걱정 말고 앉아있으라는데 도무지 믿음이 가질 않았다.

"여동생 있어? 누나는? 없어? 에이……."

공교롭게도 둘 다 외동이었다.

아쉬운 쪽이 참는 것도 한계가 있었다. 의심은 점점 증폭되었다. 더 이상 싫은 내색하지 않기도 지쳐서 밖으로 나와 담배 한 대를 물었다. 지나가던 할머니가 내게 불을 좀 빌리자고 했다. 그녀의 입에 대고 불을 붙이는데 잘만 켜지던 라이터가 갑자기 말을 듣지 않았다. 그때 걸희 형이 상기된 목소리로 나를 불렀다.

"차 잡았어! 얼른 뛰어와!"

간신히 불을 붙이고 초소 앞으로 뛰어갔다. 이리하여 우리는 안드레스의 까미온을 타게 된다.

안드레스. 그에 대해서는 할 이야기가 많다.

아무렇게나 기른 머리털과 덥수룩한 수염. 마치 운전석에 장시간 앉아있기 좋은 형태로 진화한 듯한 몸. 껄껄껄……, 개구지고 호탕한 웃음. 그의 손짓과 말투는 주변에 유쾌하고 편안한 분위기를 만들어내는 마술 봉 같았다. 눈가주름에 때로는 피로와 슬픔이 맺혔으나 그렇기 때문에 우릴 바라보는 눈빛은 더욱 선량하고 신중해 보였다.

우리를 태우자마자 안드레스는 우리의 형편없는 스페인어 실력을 깨달았다.

밤샘 운전이 힘들어 대화 상대라도 만들어 보려고 태웠더니 말이 안 통한다고 한탄을 했다. 그러고도 그는 계속해서 농담을 시도했으나 반의 반도 알아듣지 못한 채 눈치로 반응할 수밖에 없었다. 하지만 통할 리가 없지. 안드레스는 고개를 절레절레 흔들었다.

사막은 여전히 진행형이었고, 길은 사막을 가로지르며 끝도 없이 계속되었다. 안드레스는 대단한 골초였다. 싣고 있는 화물도 담배였는데 그가 보여준 리스트는 처음 들어보는 외국산 담배 이름들로 가득했다.

그는 며칠 밤낮을 길 위에서 지내며 피로와 담배에 절어 살았다. 그가 담배를 피우는 것은 잠을 쫓기 위해서라는데 사탕이나 과자를 먹어도 되지만 그는 이미 당뇨병 환자였다. 건강을 회복하려면 아무래도 운전 일을 그만둬야하나 그럴 수도 없으니, 이러지도 저러지도 못한 채 운전석 위에서 늙어가고만 있는 것이었다. 까미오네로(camionero 까미온 운전사), 밤길을 밝히며 도시와 도시, 나라와 나라를 잇는 사람들. 그들은 이렇게 길 위에서 사위어가고 있었다.

하지만 안드레스는 까미오네로에 대한 자부심이 대단했다. 까미오네로는 모두가 친구라면서 지나가는 까미온마다 인사를 한다. 안 그래도 얼마 전 까미오네로들이 정부를 상대로 파업 투쟁을 벌였다고 했다. 처음에는 며칠로 시작했으나 정부가 이들이 하는 말을 들어주지 않았다. 아무래도 까미오네로들을 우습게 본 건 실수였던 듯 하다. 어디 맛 좀 봐라. 이들은 몇 달간의 장기 파업에 돌입했고 마침내 정부는 까미오네로들 앞에 무릎을 꿇고 말았다. 어찌나 화끈하고 통쾌하게 이야기하던지 듣는 나까지 가슴이 설레었다.

창밖으로 어둠이 깔리고 뒷자리에 앉아있던 걸희 형은 잠이 들었다. 안드레스

는 안경을 꼈다. 어떻게 시작된 대화가 그토록 오래 이어졌는지. 세상에 존재하는 건 담배 연기와 어둠, 따뜻한 실내 공기, 두 사람의 조용한 목소리와 길을 응시하는 안드레스의 진지한 눈빛뿐이었다. 안드레스는 같이 있는 사람을 편안하게 만들어주는 특별한 능력을 가지고 있었다. 여기서 내 모자란 스페인어는 더 이상 걸림돌이 되지 못했다. 현지인들과 낮은 위치에서 교감하겠다는 꿈이 대단히 오만했음을 이제는 알았다. 하지만 안드레스는 내 이야기에 달리 어떤 대꾸도 하지 않았다. 다만 고개를 끄덕였을 뿐이다. 어쩌면 그는 내가 하는 이야기 중 어떤것도 공감할 수 없었을지 모른다. 하지만 중요한 건 그가 고개를 끄덕였다는 사실이다. 그리고 대화는 또 그렇게 계속될 수 있었다는 것, 어느새 나는 안드레스 쪽으로 돌아앉아 무엇인가를 주절주절하고 있었다.

저녁을 먹고 나서 잠이 들었다. 깨어보니 그는 어느 휴게소 옆 공터에서 차를 세워놓고 잘 준비를 하고 있었다. 그는 뒷자리에 이불을 펼쳤다.

화장실은 어디? 언제나 그렇듯,

"바뇨 그란데."

나와 걸희 형은 각각 운전석과 조수석의 등받이를 내려 잠자리를 마련했다. 안드레스는 창문의 커튼을 모조리 쳤다. 느닷없이 완전한 어둠 속에서 핸들과 등받이 사이에 갇혀버렸다. 실컷 자고 있어났더니 다시 자는 것 말고는 아무것도 할 수 없는 끔찍한 상황에 처하고 만 것이었다.

당연히 잠은 오지 않았고, 안드레스의 코고는 소리로 가득한 실내가 숨이 막혔다. 커튼을 살짝 걷어 차가운 유리창에 이마를 댔다. 가로등의 붉은 불빛이 어둠과 평화롭게 공존하고 있었다. 그리고 어느새 나도 잠이 들어버렸다. 코고는 소

리에 파묻혀 꿈을 꾸다, 깨다, 꾸다, 깨다…… 안드레스의 휴대전화 알람 소리가 들렸다.

희미한 아침. 마른 땅과 이끼 같은 풀들, 안개, 그리고 안개를 헤치고 모습을 드러낸 파도. 마치 풀들이 안개를 뿜어내고 파도는 안개에 부딪히고 있다는 착각이 들었다. 우린 사막과 밤을 뚫고 다시 태평양을 만났다. 그리고 안드레스의 까미온은 태평양을 온몸으로 맞으며 아침을 달렸다.

휴게소에 잠깐 내려 쉬는 동안 안드레스는 샤워를 하고 나왔다. 칠레나 아르헨티나 휴게소에는 까미오네로들을 위한 샤워시설이 있었다. 노상의 누추한 테이크아웃 카페에서 쓰기만 한 인스턴트 커피와 딱딱한 샌드위치를 먹었다.

상쾌한 아침이었을까? 아마도 그랬던 것 같다. 기숙사 방에서 느지막이 일어나 맞이하는 아침보다 명쾌한 아침, 하루에 대한 부담보다 기대로 가득 찬 아침. 아니다, 기대라는 말은 잘못되었다. 라 세레나에 도착할 것이라는 명백한 사실을 제외하고 다른 어떤 것도 나를 위해 예비되어있지 않은 텅 빈 하루의 시작.

마침내 우리는 '라 세레나'의 외곽에 도착했다. 안드레스는 도로 옆에 우리를 내려주고 가던 길을 갔다. 그는 너무나 당연한 듯 고개를 돌렸고, 그 자리를 떠났다. 세상에서 마주치는 무수한 인연들. 우리는 서로의 인생에서 아주 잠깐 출연했다가 사라지는 조연들이 아닐까? 그는 지금 어디서 무얼 하고 있을까? 여전히 길 위에 있을까? 담배는 끊었을까? 아무래도 알 도리는 없다.

여행 40일째,
CHILE

발빠라이소 가는 길

그때 나와 화정은 산띠아고 외곽의 한 주유소에 앉아있었다. 칠레의 고속도로를 따라 늘어선 주유소들은 두 회사가 점령하고 있었다. 하나는 '에쏘(ESSO)', 다른 하나는 '꼬뻭(COPEC)'이었다. 우리가 하릴없이 주저앉아 있는 곳은 전자.

우리의 목적지인 발빠라이소는 태평양을 바라보고 있는 항구 도시로, '칠레의 문화적 수도'라는 명예로운 이름이 붙은 곳이었다. 수도 산띠아고와는 차로 두 시간 거리. 맥도날드에서 가장 비싼 햄버거를 한입에 먹어치운 다음 팀을 나눴다.

칠레에서부터 우리는 다음 목적지로 이동할 때마다 약속 시간과 장소를 정했다. 내 맘대로 되는 히치하이킹이 아니니, 사실상 약속 시간이란 게 무의미했다. 하지만 놀랍게도 우리는 대체로 정확한 시간에 도착하고는 했다. 늦어도 두세 시간이 고작. 그러다보니 히치하이킹에 대한 우리의 자신감은 칠레 하늘을 찌를 듯했다.

발빠라이소까지는 길어야 두 시간. 나와 화정은 히치하이킹을 서두르지 않았다.

터미널 건너편의 주유소에서 고속도로 입구까지 차를 얻어탄 다음, '에쏘' 주차장에 철퍼덕 주저 앉아 공연히 노닥거리며 한가로운 시간을 보냈다.

"우리 팀이 활력을 잃은 것 같아. 그래서 나도 좀 지쳤어."

"팀 안에서 그동안 각자의 속마음을 시원하게 드러낼 수 있는 대화가 없었던 것이 아닐까?"

그러다 시계를 보니 어이쿠, 시간이 꽤 지나있었다. 이제 안 되겠다, 슬슬 차를 잡자.

'에쏘'에는 발빠라이소 가는 까미온이 없었다. 까미오네로들은 우리더러 옆에 있는 '꼬뻭' 주유소에 가서 알아보라고 했다. 다행히 '꼬뻭'은 여기서도 그 간판이 보일만큼 가까웠다. 히치하이킹보다는 잡담하는 것이 더 재미있는 두 사람에게, '꼬뻭'가는 길은 금방이었다.

우리는 까미온뿐만 아니라 승용차도 집적댔다. 우리를 발빠라이소까지 태워줄 차는 금세 잡혔다. 똑똑해 보이는 한 젊은 남자가 오케이 사인을 보냈다. 그는 휴게소 볼일을 보고 나올 테니 잠시만 기다리라고 했다.

이 좋은 기회를 놓칠 새라, 볼일을 마치고 돌아온 남자가 차문을 따자마자 뒷좌석에 배낭부터 밀어 넣었다. 그러고 길위의 흙먼지란 흙먼지는 전부 쓸고 다닌 엉덩이를 좌석 시트 위에 사뿐히 얹었다. 다음은 신나는 출발!

무언가 중요한 것을 빼먹었다는 사실을 이때는 미처 깨닫지 못한 채…….

Chile

남자의 이름은 끄리스띠안. 저널리스트인 그는 칠레의 '배운 사람'이었다. 워낙 똑똑하고 활기 찬 사람이라 영어와 스페인어를 섞어가며 신나게 대화를 해댔다.

웃고 떠들다보니 두 시간은 금방이었다. 끄리스띠안이 말하길 이제 곧 있으면 발빠라이소였다. 그런데 그때, 철렁하고 가슴이 내려앉았다. 무의식적으로 짐을 체크하는데 내가 늘 배낭과 함께 어깨에 메고 다니던 손가방이 없었다. 손가방 자체가 문제가 아니었다. 그 안에는 카메라가 들어있었던 것이다!

화정의 말에 따르면, 아까 휴게소에서 화장실 갈 때 끄리스띠안의 차 옆에 내려놓았다는 것이었다. 아차! 급한 마음에 배낭과 엉덩이만 실었던 거구나. 줄곧 몸에서 떼지 않던 손가방을 하필이면 그때 벗어놓을 건 또 뭐람.

끄리스띠안은 발빠라이소 옆 동네인 비냐 델 마르에 살았다. 약속장소인 뿌에르또 역은 전혀 반대방향이었지만, 끄리스띠안은 친절하게도 역 바로 앞에서 우리를 내려주었다. 다른 사람들은 아직 도착하지 않았는지, 밖에서도 안에서도 보이지 않았다. 도시에 어둠이 깔리기 시작하고 '여기가 과연 약속장소가 맞나?'라는 의심이 들기 시작할 무렵, 익숙한 목소리가 내 이름을 불렀다.

차 한 대가 역앞에서 멈췄다. 뒷좌석에 타고 있는 사람은 분명 지원 형이었다. 그런데 형뿐이었다. 이상하게도 다른 사람들이 보이지 않았다.

"혼자 길을 걸어보고 싶었어."

산띠아고에서 다른 두 사람과 헤어져 먼저 도착한 것이었다. 이 사람 상습범이다. 라 세레나 가는 길도 혼자 떠나보겠다고 했다가, 아무리 기다려도 오지 않아 먼저 도착한 나머지 사람들의 애간장을 태우더니.

형은 누가 집어가기 전에 얼른 돌아가 카메라를 찾아오라고 했다. 하지만 어떻게 온 발빠라이소인데! 산띠아고로 다시 돌아가고 싶지는 않았다. 어쩌면 그래서 카메라 따위는 아무것도 아니라고 스스로를 위안하고 있었는지도 모른다. 물건에 집착해서는 안 돼, 무소유!

하지만, '어떻게 온 발빠라이소'보다 '어떻게 기록해온 우리의 추억'이 더 컸다. 귀찮고, 힘들고, 또 두렵지만 그래도 카메라를 위해서라면 돌아가자고 결심했다.

우리 셋이 가진 현금을 탁탁 털었다. 왕복 버스비는 얼추 나올 것 같았다. 만약 돌아오는 버스비가 없으면 어쩌려고? 글쎄, 거기까진 일부러 생각하지 않았다.

사람들에게 물어물어 터미널 행 시내버스를 탔다. 여행을 시작하고 도시 위에

서 이처럼 혼자되어보기는 처음이었다. 물론 관광객으로서 혼자 거리를 거닐어 본 적은 있었다. 하지만 지금 내게 주어진 미션은 너무나 엄청났다. 시내버스를 타고 터미널까지 간다. 버스를 타고 산띠아고로 간다. 산띠아고 터미널에서 고속도로 입구로 간다. 주유소에서 손가방을 찾는다. 발빠라이소로 돌아온다. 상상하는 것만으로도 부담감이 목을 죄는 첫 경험이었다.

칠레의 버스 터미널은 우리나라와 많이 달랐다. 다양한 버스 회사들이 터미널 안에 각기 다른 창구를 가지고 있었다. 남미에 와서 버스라고는 단 한 번도 돈을 내고 타보지 않은 터라 이건 뭐, 히치하이킹보다 어렵게 느껴졌다. 몸에 익은 사람에게는 유연한 기계처럼 돌아가는 '시스템'이 편하겠지만, 그렇지 않은 사람에게는 아무나 붙잡고 '태워주세요'하는 편이 쉬울 것이다.

간신히 표를 구입해 산띠아고 행 버스에 몸을 실었다. 실내온도는 적당했고 좌석은 안락했다. 마음은 무거웠다. 일단 버스를 탔으니 어쨌든 산띠아고까지는 무사히 가겠지. 하지만 버스에서 내리자마자 시작될 나의 여정을 생각하면 한숨이 나왔다. 게다가 주유소에서 손가방을 찾지 못하면 어쩌나? 합격발표를 기다리는 수험생마냥 긴장이 됐다. 그러나 그것도 잠시, 나는 곧 잠이 들었다. '시스템'이 제공하는 쾌적한 환경과 정해진 시간에 정해진 목적지에 도착한다는 신뢰 덕분이었다. 시스템의 바깥에서 여행하는 내게는 새삼스러운 것이었다.

자고 일어나니 한밤의 산띠아고였다. 터미널을 나설 때부터 나의 여정은 한마디로 '추적'이었다. 오늘 낮에 이동훈은 어디서 무엇을 했는가? 지나온 길 위에 바람결처럼 남은 나의 흔적을 샅샅이 추적하라!

낮과 밤의 풍경이 사뭇 달라 당황스러웠지만 몇 시간 전의 기억과 지금의 풍경

을 매치해 보기에 큰 무리는 없었다. 저기 맥도날드가 있다. 우리가 처음 히치하이킹에 성공한 주유소는…… 바로 저기! 여기서 차를 얻어 타고 고속도로 입구로 갔었지.

손가방을 찾으려면 지금의 나 역시 거기로 가야만 했다. 하지만 혼자서는 히치하이킹을 할 용기가 나지 않았다. 돈이 조금 있으니 택시를 타기로 했다. 몇 시간 전에 여기서 마주친 한 학생의 말이 떠올랐다.

"택시 기사들은 순 날강도니 믿지 마세요!"

하지만 어쩔 수 없었다.

"발빠라이소 가는 길, '꼬뻭'이요!"

기사는 내가 말하는 주유소가 어디인지 정확히 알고 있었다. 이제 내게 남은 일은 주유소에서 손가방을 찾아보고 있든 없든 터미널로 돌아와 발빠라이소 행 버스를 타는 것뿐이었다. 생각보다 간단했다. 걱정했던 것과 달리 내가 잘 해내고 있는 것 같아서 기분이 매우 좋았다. 주유소에 손가방이 있어주기만 한다면 완벽할 텐데, 지금 기분으로는 틀림없이 있을 것만 같다!

그때 미터기가 눈에 들어왔다. 내 눈을 믿을 수 없었다. 처음에는 미터기를 잘못 읽었거나 내가 가진 돈의 액수를 헷갈렸다고 생각했다. 그러나 마침내 현실을 직시할 수밖에 없었다. 미터기 위의 숫자와 내 주머니에 들어있는 금액이 같아졌을 때, 나는 조용히 말했다.

"저……. 여기서 내릴게요."

"여기서요? '꼬뻭'까지는 차로 15분 거리예요! 게다가 한밤중에 고속도로는 위험하다고!"

"어쩔 수 없죠. 정말 돈이 없어요."

그래서 나는 발빠라이소로 가는 고속도로 어딘가에 홀로 던져졌다.

왼편으로는 차들이 미친 듯이 달리고 있었고, 오른편에는 철조망 너머로 잡초만 무성한 들판이었다. 머리를 굴려 계산을 시작했다. 택시가 80km로 달린다고 가정했을 때, '15분 거리'란 20km를 말한다. 경험으로 미루어보건대, 사람이 걷는 속도는 한 시간에 5km 남짓. 다시 말해 '꼬뻭'까지는 걸어서 꼬박 네 시간이 걸린다는 뜻이었다.

이미 밤은 깊었고, 네 시간 동안 열심히 걸어 가방을 찾는다한들 돌아가면 이미 새벽일 것이다. 주유소에서 하룻밤 노숙을 하고 다음날 아침 일찍 출발할까? 나를 기다리고 있을 팀 사람들이 애간장을 태우겠지? 그러나 지금으로서는 내 코가 석자였다.

이러지도, 저러지도 못하고 우선 걷기 시작했다. 이대로 네 시간 동안 걷는 건 도저히 불가능하다는 생각을 하면서도 다른 수가 떠오르지 않았다. 히치하이킹을 할까? 손가락을 들어올렸다. 달리는 차들의 전조등 불빛에 비친 내 엄지손가락. 배낭을 발빠라이소에 놓고 왔다는 사실이 떠올랐다. 여행자의 신분증이라고 할 수 있는 배낭이 없다면, 나라는 사람은 그저 밤길을 배회하는 수상한 외국인에 불과하다. 게다가 여기는 차들이 미친 속도로 달리는 고속도로다. '어, 저 사람은 뭐지?'라고 생각하는 순간, 이미 나는 저만치 뒤에 있을 것이다.

그러나 무엇보다 중요한 건 내가 지금 혼자라는 사실이었다. 수없이 많은 관중들 앞에서 홀로 손가락을 흔들고 있으려니 부끄럽기 짝이 없었다. 완전히 무장해제 당한 기분이었다. 나를 지금 이곳까지 오도록 도와준 뻔뻔함은 다른 팀원들과

함께 발빠라이소에 두고 왔다. 암담함 그 자체였다. 미친 사람처럼 밤길을 헤집다가 때때로 엄지손가락을 들어 올려보았지만, 저 무심한 전조등 불빛들 중 하나가 내 앞에서 멈춰줄 가능성도 제로 같아 금세 내려버리고는 했다.

그때였다. 저게 뭐지? 저 멀리 '에쏘'라고 적힌 새하얀 간판이 보였다. 설마 저 '에쏘'가 그 '에쏘'는 아니겠지? 내가 벌써 네 시간을 걸었을 리가! 그래도 기대가 되는 건 어쩔 수 없었다. 택시 기사가 틀렸을 수도 있잖아? 분명, "택시 기사들은 순 날강도"라고 했겠다?

주유소 입구는 아까 본 그 입구와 다른 것도 같고 같은 것도 같았다. 주차장으로 가보았다. 둘이서 한참을 주저앉아 시간가는 줄 모르고 노닥거린 그 장소. 그러면서 만든 흔적이…… 여기 있다! 진흙바닥을 발뒤꿈치로 긁어낸 흔적, 그리고 배수구에 버린 담배꽁초 두 개! 몇 시간 전의 나는 마치 이 순간을 예견하기라도 한 듯, 지금의 나를 위해 의심할 수 없는 흔적을 남겨놓았던 것이다. 그제야 눈앞에 보이는 주유소 풍경이 낮의 기억과 완벽히 겹쳤다. 그렇다면 '꼬뻭'은…… 바로 저기 있다!

멀리 익숙한 간판이 시야에 들어왔다. 내가 남긴 흔적을 제대로 뒤쫓고 있다는 생각에 흥분하며, 이 이야기의 클라이맥스를 향해 걷기 시작했다. 화정과 떠들며 걸을 땐 금방이었던 이 길이, 혼자 걷고 있는 내게는 너무나 멀게만 느껴졌다.

끄리스띠안의 차가 서 있던 자리로 가보았지만 손가방 비슷한 것도 없었다. 주변을 둘러보다가 휴게소 직원들에게 물어보았으나 다들 고개만 절레절레. 한 손님이 산띠아고 쪽에서 오는 길에 굴러다니는 노란색 가방을 봤다는 말에 다시 '에

쏘'를 향해 걸어가며 주위를 살폈다. 하지만 그 작은 가방을 찾기에 길 위는 너무 어두웠다. 게다가 주유소에서 잃어버린 가방이 길가에서 뒹굴고 있었다면, 내용물은 이미 다른 사람의 주머니에 있다는 말밖에 더 되겠는가. 나는 이런 식으로 어느 이름 모를 칠레인에게 자선을 베풀고 말았다.

이제 나는 패배의 쓴잔을 마신 장군이 되었다. 전리품도, 말도 없이 고국으로 돌아가야 하는 처지. 주머니에 동전 한 푼도 없는 지금 발빠라이소로 돌아갈 방법은 한 가지밖에 없었다. 바로 히치하이킹.

사실 주유소는 히치하이킹을 하기에 가장 적합한 장소 중 하나였다. 아까부터 내 상황을 딱하게 여겨 도움을 주고 싶어 했던 직원 한 명이 나를 주유소로 데려갔다. 그곳 직원들은 자기들이 도와주겠으니 나더러 옆에서 잠깐 쉬고 있으라고 했다. 그들은 주유하는 차마다 붙잡고 내 사정을 이야기하며 도움을 청하는 것 같았다. 그러나 마음이 급해서였는지 저래서는 여기 앉은 채로 밤을 샐 것 같았다. 게다가 자기 일도 아닌데 저토록 신경써주는 이들에게 미안하기도 했다. 이건 내 일이었다. 그러니 내가 적극적으로 나서서 해결해야 했다.

자리를 털고 일어나 마침 기름을 넣고 있는 차로 다가갔다. 세련되고 고상한 분위기의 중년 부부가 나를 돌아보았다. 그들은 자신들이 발빠라이소에 간다고 했다. 하지만 나를 태워줄지 말지는 무척 고민하는 눈치였다. 남자는 한참동안 나를 쳐다보았고 조수석에 탄 여자도 호기심어린 눈빛으로 나를 올려다보았다. 경험상 히치하이커를 태우는 일에 있어 아내의 권한은 거의 절대적이었다. 반드시 아주머니를 설득해야 한다는 일념 하나로 나는 계속 그녀와 눈을 마주쳤다. 세상에서 가장 불쌍한 사람의 눈빛을 쏘아 보내면서. 그리고 마침내,

"씨(sí, 예, 그래)."

차 안에서 부부와 이런저런 대화를 나눴다. 그들은 끄리스띠안처럼 비냐 델 마르에 살고 있었으며, 아저씨는 의사였다. 꽤 잘 살고 교양 있는 사람들 같았다. 아주머니는 때때로 호감어린 눈빛으로 나를 돌아보며 미소를 지었다. 그분들은 지나가는 길에 있는 포도농장 까사 블랑까를 소개해주었다. 새롭고 재미있는 이야기인 듯 들었지만 몇 시간 전 끄리스띠안과의 기억이 새삼스레 떠올랐다.

그들은 나를 뿌에르또 역까지 태워주었다. 역에는 아까와 달리 깊은 어둠이 내려 있었다. 얼른 팀 사람들을 만나 오늘 밤 내가 겪은 일들을 자랑할 생각에 허둥지둥 내리려는데, 아주머니가 나를 붙잡고 이렇게 말했다. 여기 있을 테니 혹시라도 기다리는 사람들이 없으면 다시 오라고.

뭉클했다. 가슴이 벅차올라 역으로 뛰어가는데 길 반대편에서 어디론가 걸어가고 있는 지원 형과 걸희 형을 발견했다.

"형!"

길모퉁이에서 나를 기다리고 있던 분들께 돌아가 일행을 만났다고 말했다. 부부는 기뻐하며 차를 돌렸다.

팀 사람들은 역 맞은편 주유소에 있었다. 모두들 한참 기다렸으리라 생각했는데 소연과 걸희 형 팀이 두 시간 전에야 간신히 도착했다고 했다.

"그렇게 차를 못 잡아서 어떡할래? 둘이서 한 번 오는 동안 나는 두 번이나 갔다 왔다."

이것도 자랑이라고 우쭐대본다.

"소연이랑 걸희 형 빼고 우리끼리만 히치하이킹으로 꾸스꼬 다시 찍고 오자! 그래야 이 사람들하고 부에노스아이레스까지 시간을 맞추겠네."

뭣도 모르고 택시를 잡아탄 죄로 같은 길을 히치하이킹으로 복습해야 했지만, 나름대로 행운이라고 해야 하나? 세상 어느 누가 발빠라이소 가는 길을 두 번이나 히치하이킹하겠어? 야밤에 칠레의 고속도로 위에 홀로 서보는 아찔한 경험이나, 중년 부부와 맺은 인연도 마찬가지. 이 경험은 오로지 내 것이다. 누구의 기억에도 없는 나만 들려줄 수 있는 이야기.

물론 잃어버린 카메라는 지금도 아쉽다. 하지만 그것도 '영광의 상처'라고 한다면 적절한 표현이 될까? 이 경험을 통해 나는 그 이름이 아깝지 않은, '진정한 히치하이커'로 거듭나게 되었다.

누군가

"네가 히치하이킹으로 여행해봤댔자 얼마나 했겠어?"

라고 묻는다면 나는 이렇게 대답하겠지.

"나? 히치하이킹으로 같은 길 두 번 왔다간 사람이야!"

SER PROFE
Y NO ESTAR
CON LOS
ESTUDIANTES
ES UNA
CONTRADICCIÓN
PEDAGÓGICA !!
constructora
SANTOLAYA
"Obreros y estudiantes"
Fotógrafo: Claudio Cáceres

여행 42일째,
CHILE

벤츠 나이트

무일푼 히치하이킹 여행의 매력은 내가 오늘 밤 어디서 자게 될지 알 수 없다는 것. 지금부터 이야기하려는 마술적인 하룻밤이야말로 이 매력이 빛을 발한 순간이었다.

지원 형과 단 둘이 길을 떠난 날, 우리는 발빠라이소에서 걸어 나와 도로변에 위치한 까미온 주차장으로 갔다. 주차장에는 몇 명의 까미오네로들이 모여 있었다.

"잠깐만 기다려봐. 곧 멘도사로 가는 아르헨티나 인 까미오네로가 올 거야."

언제나 그렇듯, 사람들은 아시아 동쪽 끝에서 온 여행자들에게 많은 관심을 보였다. 여유롭고 다정한 사람들이었다. 고상하지는 않지만 삶의 무게를 웃음으로 이겨내는 사람들의 여유와 친절이었다.

잠시 뒤, 그네들이 말하던 그 까미오네로가 나타났다. 하지만 오늘은 멘도사까

지 가지 않는다고 했다. 대신 안데스 이쪽 편에 위치한 국경도시 로스 안데스까지는 간다고 했다. 상관없었다. 오늘 안에 국경을 넘을 수 있으리라고는 기대도 하지 않았기 때문이었다. 직선거리상으로는 하루 안에 도착할 위치였으나 국경을, 그것도 안데스 산맥을 넘는 데는 시간이 갑절로 들어갈 수밖에 없었다.

해가 질 무렵, 로스 안데스 들어가는 길목에 도착했다. 남미 땅에 와서 처음으로 만난 아르헨티나인에게 작별하고 육교 아래서 잠시 쉬었다. 자, 이제 국경까지 힘차게 걸어볼까?

국경은 이번이 세 번째였다. 첫 번째였던 페루–볼리비아 국경과는 달리 이곳은 꽤 풍요로웠다. 저 멀리 새하얀 안데스가 병풍처럼 가로막고 서 있는 장면은 위압적이라기보다 든든했고, 새파란 초목으로 칠해진 들판과 밭일을 끝마치고 돌아가는 농부들의 행렬은 길을 걷는 우리의 마음까지 넉넉하게 해주었다.

길을 따라 한참 걷다보니, 해는 금세 저물었다. 해가 지기 전부터 많이 조급해져 있었다. 국경은 못 넘어도 로스 안데스까지는 꼭 가고 싶었다. 매일 목적지를 설정하고 미션을 수행하듯 여행하는 법에 길들여진 탓이다. 그러나 국경답게 길을 지나는 차가 드물었고, 우리가 흔들어대는 손에 쉽사리 마음을 내주지도 않았다. '오늘 안에 로스 안데스 도착'은 명백한 '참'이자 기정사실이라고 생각했는데, 길위에 어둠이 내릴수록 그곳은 자꾸만 멀어지는 것 같았다.

어째서! 왜? 이렇게 차가 잡히지 않는 거야? 로스 안데스에 가야 숙박을 할 테고 로스 안데스에 가야 밥을 먹지. 로스 안데스, 로스 안데스……. 그런데 옆에서 걷고 있는 지원 형은 꽤 여유로워 보였다.

"오늘 못 가면, 내일 가면 되지."

아! 맞는 말이었다.

부에노스아이레스로 향하는 긴 여정에서 오늘은 그저 하루일뿐이다. 우리가 허송세월만 보내고 있는 것도 아니지 않은가. 열심히 걷고 있고 열심히 손을 흔들고 있다. 조급해 한다고 안 설 차가 서는 것도 아니다. 게다가 허송세월 좀 보내면 어떤가. 남미의 길 위를 조촐히 떠돌아다니겠다고 한 사람은 나다. 그런데 목적지에 도착하지 못한다고 눈에 핏줄을 세우다니!

이렇게 생각하니 같은 길이라도 지금까지와는 전혀 다른 색깔로 보였다. 오늘 하루 전체가 '얼룩배기 황소가 해설피 금빛 게으른 울음 울던' 여유로운 시간들로 생각되었다. 목적지까지 가도 그만 못 가도 그만. 비로소 내가 꿈꾸던 '방랑'에 근접한 느낌이었다.

체 게바라와 알베르또는 산띠아고에서 리마까지 두 달에 걸쳐 여행했다. 그때의 도로사정이 지금보다 열악한 탓도 있었겠지만, 그래도 우리와 같은 길을 그렇게나 오래 여행한 가장 큰 이유는 아마도 여유였을 것이다.

지나가는 길에 발견한 담배 공장에서, 경비원들에게 공짜담배를 얻어가며 걷다보니 까떼무라는 도시의 입구가 나타났다. 도시에서 나가는 차들이 많아 금방 잡히리라 생각했는데, 차들은 우릴 투명인간 취급하며 쌩쌩 지나쳐버렸다. 우리는 다급해질수록 손을 마구 휘저으며 방방 뛰었다. 페루나 볼리비아에서 특히 효과가 있는 방법이었다.

지원 형의 주장에 따르면, 이미 지나간 차도 포기해선 안 된다. 그들이 백미러로 보고 있기 때문이다. '좋은 여행 되십시오'라는 표정으로 쓸쓸히 손을 흔들면, 가다가 서는 경우도 있다는 것이다. 물론 어디까지나 형의 주장이다.

아까부터 한 청년이 자전거 위에 앉아 우리를 지켜보고 있었다. 한참 난리법석을 피우고 있는데, 그가 갑자기 우리를 불렀다.

"이봐, 그렇게 손을 흔들어대면 안 돼. 다들 너희가 미친 사람인 줄 알고 차를 안 세워준단 말이야. 칠레 인들이 얼마나 겁이 많은데. 그러지 말고 이렇게 손만 까딱거려야지. 엄지손가락을 들고 우아하게. 따라해 봐."

"그렇구나. 그런데, 담배 있으면 좀 줄래?"

만나는 사람마다 담배를 얻어내는 것이 히치하이킹을 성공하지 못한 데 대한 보상이라도 되는 것처럼. 어쩌면 현지인들의 호의가 고팠는지도 모르겠다. 하긴 그럴 만도 했다. 차들마다 이토록 우릴 외면하니 말이다.

구세주는 늘 모든 기대가 사라진 순간에 나타나는 법이다. 조그만 승용차 한 대가 멈추었을 때, 우리는 자전거 청년의 초대를 거절하고 있는 중이었다.

운전자는 머리가 하얗게 센 아저씨였다. 그는 로스 안데스보다 못 간, 산 펠리뻬에 살고 있다고 했다. 우리는 ATM을 만나지 못해 현금이 한 푼도 없는 상태였다. 칠레에는 체크카드 결제를 할 수 있는 곳이 별로 없었다. 그래서 근처 주유소나 경찰서에서 잠자리를 해결해야 한다고 말했더니, 그는 산 펠리뻬에 한국 식당이 세 개나 있다며 거기서 신세를 져보는 건 어떠냐고 제안했다.

아니, 산띠아고에서도 찾기 힘든 한국 식당이 이 작은 국경 도시에 세 개나 있다고? 아니나 다를까. 아저씨가 우리를 태우고 일일이 찾아간 식당들은 한곳도 빠짐없이 중국 식당이었다. 아저씨가 직접 데리고 나온 종업원은 중국인이었고, 중국어를 모르는 우리보다 아저씨와 더 말이 잘 통했다. 아저씨는 한국인, 일본인, 중국인끼리 말이 통하지 않는다는 데 '지나치게' 놀라워했다.

"스페인 사람과 이탈리아 사람만큼도 말이 통하지 않는단 말이야?"

그는 우리를 다시 차에 태우고는 자기 집으로 가자고 말했다. 물론 우리는 아주 '기꺼이' 그 제안을 받아들였다. 농기계들이 깔려있는 마당을 지나 집 안으로 들어갔다. 아저씨와 함께 등장한 불청객에 식구들은 깜짝 놀라는 기색이었지만, 곧 반갑게 맞아주었다.

여기서 잠깐, 칠레 여인 예찬을 펼치려 한다. 그녀들은 생기 있는 아름다움과 무한한 상냥함으로 창조된 인종이었다. 이 인종의 일원을 처음 알현한 것은 라 세레나에서였다. 우연히 광장에서 만난 칠장이 아저씨네에서 오늘처럼 신세를 지게 되었다. 우리를 맞아준 끌라우디아 아주머니의 인상은 지금도 잊히지 않는다. 그녀의 선명한 눈빛은 생기로 반짝였고, 자상한 미소는 나그네의 얼어붙은 마음을 녹였다. 외모는 수준급이었다. 중고등학생 자녀를 둔 '아줌마'들이 이렇게 예뻐도 되는 건가 싶을 정도였다.

그녀는 요리를 하면서 아무렇지 않게 담배를 입에 물고 있었다. 칠레는 정말 '담배의 나라'다. 담뱃갑에는 누렇게 변색된 치아 사진이 붙어 있고, 진열대 위에는 목에 구멍이 뚫린 노인의 서글픈 사진을 걸어놓았으나, 이 나라 국민들 모두 담배를 그저 기호식품 정도로 생각하고 있는 듯했다. 끌라우디아 아주머니 댁에서는 곧 있으면 만 18세가 되는 아들에게 술은 아직 안 되지만 담배는 괜찮다며 권하는 모습을 보았다. 그리고 어른들이 권하는 담배는 아이들을 탈선의 길로 이끌지 않는다고 말했다. 술은 어른에게 배워야 한다는 우리나라 어르신들의 말씀

이 떠오르는 장면이었다.

잠시 뒤, 거대한 쇠고기 '덩어리' 스테이크가 접시에 담겨져 나왔다. 한국의 패밀리 레스토랑에서 먹는 스테이크는 이것과 비교하면 지나치게 인색한 것이었다. 내가 진정 '고기'를 먹고 있다는 생각이 들게 하는 스테이크였다.

이 집에서 나를 감동시킨 것은 아주머니와 '덩어리' 스테이크만이 아니었다. 아들 에르네스또는 사정을 듣자마자 선뜻 우리에게 악수를 청했다. 그리고 아주머니가 스테이크를 굽는 동안, 냉장고에서 초콜릿 푸딩을 꺼내주었다. 우리나라 학생들도 이 아이처럼 개방적이고, 당당하며, 배려심이 있을까? 문득 그런 생각이 들었다.

잠시 뒤, 아저씨의 친구들이 들이닥쳤다. 우리는 그들과 함께 식탁에 둘러앉아 와인을 마시며 놀았다. 엄밀히 말하면 '그들이' 논 것이지만. 우리는 그네들이 하는 말을 조금도 알아듣지 못하면서 괜히 옆에 있다가 놀림거리가 되고는 했다. 하지만 아저씨들이 만들어내는 따뜻하고 편안한 분위기에 무리 없이 녹아들 수 있었다.

자정 즈음이 되자, 사람들이 슬슬 자리에서 일어났다. 그들은 우리에게 잠자리를 만들어준다며 마당으로 나갔다. 칠레 사람들은 낯선 손님을 정성껏 맞이하며 아낌없이 대접한다. 하지만 잠은 절대 집 안에서 재우지 않는다. '창고의 모든 것을 꺼내 기쁜 마음으로 대접하되, 잠은 집에서 재우지 말라'라는 칠레만의 손님맞이 계율이라도 있는 것일까?

아저씨들은 우리를 뒷마당 차고로 데려갔다. 그들의 말에 따르면, 이곳이 바로 우리가 오늘밤 묵을 숙소였다. 물론 우릴 차고 바닥에서 재우겠다는 뜻은 아니었

다. 안쪽에 서 있는 저 구형 벤츠가 오늘밤 우리의 잠자리였다!

아저씨들은 자동차 배터리를 충전하고 히터를 틀어주었다. 우리와 작별인사를 나누고 떠나면서 그들이 던진 한 마디.

"차 몰고 아르헨티나로 가 버리면 안 돼!"

오늘 아침 발빠라이소를 걸어 나올 때만 해도 오늘밤 우리가 벤츠에서 자게 될지 누가 상상이나 했겠는가. 우린 여행자이고 어디에나 있을 수 있으며, 어디에서나 잘 수 있다.

이것이 바로, 벤츠 나이트.

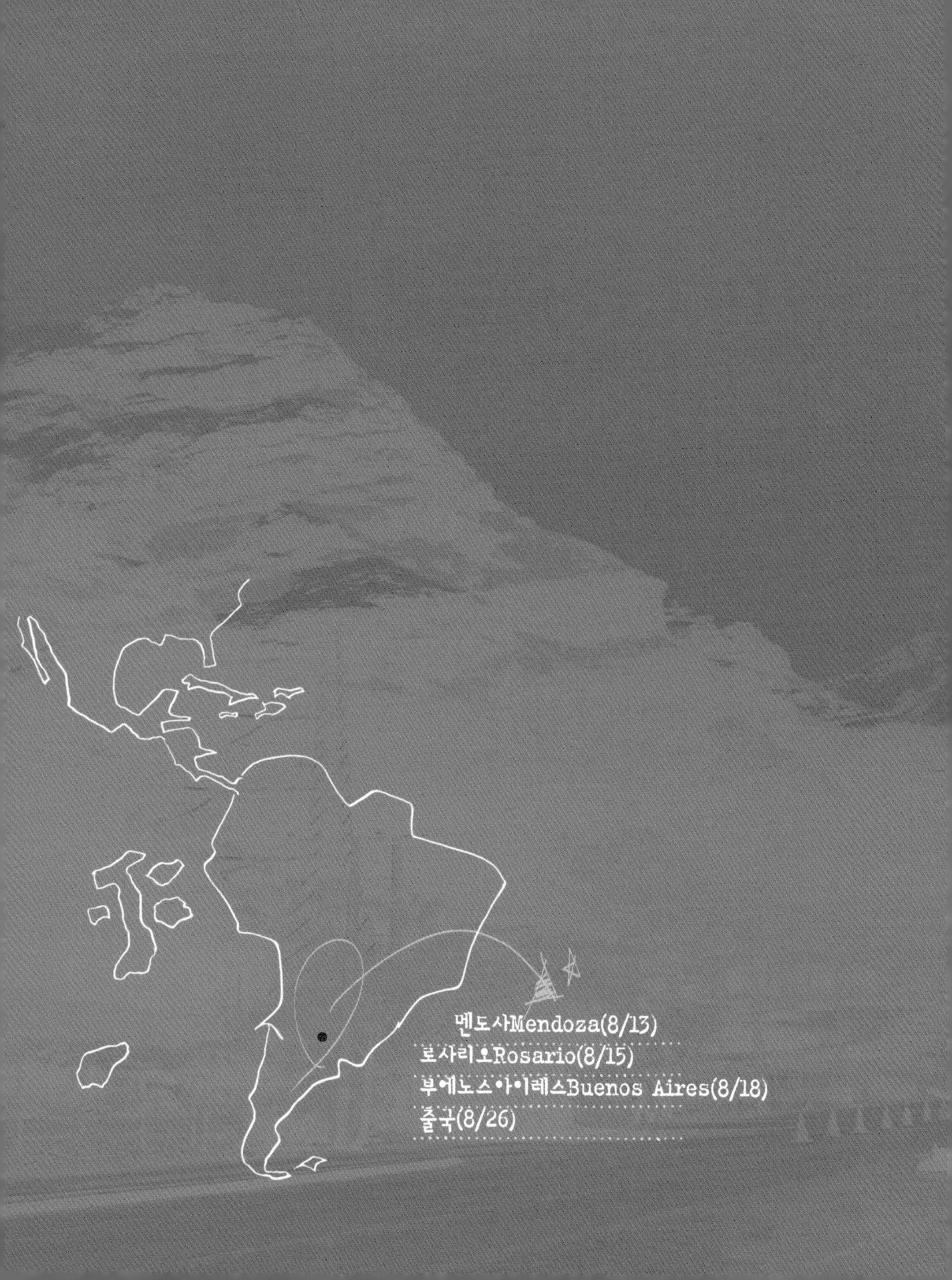
멘도사Mendoza(8/13)
로사리오Rosario(8/15)
부에노스아이레스Buenos Aires(8/18)
출국(8/26)

제4부

아르헨티나

Argentina

아르헨티나 ARGENTINA

체 게바라는『모터사이클 다이어리』에서 이렇게 말했다.

“우리한테는 잠옷이 따로 없었다. 신발을 벗으면 그것이 잠옷이었다.”

일상의 안락함을 모두 던지고, 불편과 불결이 일상이 되어버린 방랑자의 모습이 나는 부러웠다. 그런데 언제부턴가 내가 동경했던 그 모습은 나의 모습이 되어 있었다.

여행 43일째,
ARGENTINA

아순시온의 우리들의 세뇨라

히치하이킹은 일종의 사건이다. 길 위를 스쳐지나가는 차들의 끝없는 행렬은 그 안에 우리들을 태워줄 누군가를 숨기고 있다. 그것은 '인연'이라 부를만하다. 지금부터 내가 하려는 이야기는 바로 그 인연에 대한 것이다.

이날도 지원 형과 나는 길 위에 서 있었다. 오늘은 반드시 국경을 넘겠다는 무서운 각오로.

주변은 온통 초록의 들판이었다. 그리고 길을 따라 시선을 옮기면 눈을 하얗게 뒤집어쓴 안데스가 그 너머에 아르헨티나를 숨기고 있는 거대한 성벽처럼 서 있었다. 안데스는 참으로 다양한 얼굴을 가지고 있었다. 여기서 보는 안데스와 볼리비아에서 보는 안데스가 다르고, 마추픽추 가는 길의 안데스와, 꾸스꼬 가는 길의 안데스가 다르다.

페루와 볼리비아의 안데스는 황량한 고지대의 바람이 휘감고 있다. 가려줄 것

이 아무것도 없는 땅의 거친 살결은 날카로운 모래바람에 노출돼 있다. 반면 마추픽추 가는 길의 안데스는 말 그대로 밀림이다. 덥고 습한 공기가 안데스의 저지대를 짓누르고 모기들은 인간의 살점을 뜯어먹으려고 혈안이 되어 있다. 페루와 볼리비아의 안데스는 곧 삶의 터전이다. 그들은 안데스 속에서 땅을 일구고 땀을 식힐 때마다 고개를 들어 안데스를 본다. 하늘 아래 유일한 것은 안데스뿐이다.

그러나 칠레의 안데스는 인간의 삶을 굽어보는 배경이다. 사람들은 해안이나 평야에서 삶을 영위한다. 그러다가 고개를 들면, 안데스는 언제나처럼 저 멀리서 그 새하얀 머리를 기울여 그들을 내려다보고 있다. 안데스가 여전히 거기 있다는 안도감과 앞으로도 있을 것이라는 확신을 품고 그들은 다시 삶으로 돌아간다.

언제나 차가 잡히는 건 순식간이다. 기대를 저버리고 있을 즈음, 우리의 인연이 고개를 끄덕이고 단말마의 '그라시아스!'와 함께 우리는 어느새 차에 올라타고 있다.

끄리스띠안 그라시아는 아이 같은 미소를 가진 파라과이인이었다. 그는 칠레와 아르헨티나를 오가며 화물을 날랐다. 그렇게 한 달 28일을 길 위에서 보낸다고 했다. 가족과 함께할 수 있는 시간은 단 이틀. 그는 오직 가족을 위해 일한다고 했다. 파라과이에서 까미온 운전사의 임금은 대다수 파라과이 노동자들이 받는 임금의 두 배. 하지만 돈을 많이 벌어 좋은 사람은 가족들뿐, 까미오네로의 삶은 불편하고 외롭기만 하다. 오고 가는 길에 애인이라도 있으면 모를까. 인생의 대부분은 가족들과 다시 만날 날만을 손꼽아 기다리는 시간으로 채워진다.

끄리스띠안의 까미온 짐칸에는 파라과이 화물운송회사의 이름이 큼직하게 적

혀 있었다.

'누에스뜨라 세뇨라 데 라 아순시온(Nuestra Señora de la Asunción).'

아순시온(파라과이 수도)의 우리들의 여주인. 파라과이의 성모 마리아를 뜻하는 말이지만 내게 이것은 다음과 같이 읽혔다.

'아순시온에 있는 우리들의 아내.'

'세뇨라'는 결혼한 여자를 부르는 존칭이기도 하다. 아순시온에서 그들을 기다릴 아내와 가족들을 생각하며 까미오네로들은 오늘도 남미 대륙의 끝 모를 길 위를 누비고 있다.

그는 파라과이가 아르헨티나와 브라질에 의해 약탈당한 역사를 말해주었다. 지금의 파라과이 영토는 이웃나라들이 뜯어가고 남은 것으로, 예전에는 훨씬 더 컸다. 천혜의 자연을 가진 땅으로서, 각종 자원들로 넘쳐나던 영토는 당연히 이웃나라들의 입맛을 당겼고, 아르헨티나와 브라질은 파라과이를 상대로 전쟁을 일으켜 사이좋게 이 땅을 나눠가졌다고 했다.

"칠레와 아르헨티나 사람들이 얼마나 인정머리가 없고 돈만 밝히는지 알아?"

그는 아르헨티나 인들의 심성이 고약하다고 누차 강조했다. 그러면서 우리가 무사히 여행할 수 있을지 걱정해주었다. 아르헨티나 사람들은 잘 모르지만 솔직히 우리는 칠레 사람들에게 홀딱 반해있었다. 같은 사람들에 대해 끄리스띠안과 우리가 이토록 다르게 받아들이는 이유가 무엇일까? 칠레 인들이 아시아의 잘 사는 나라에서 온 여행자와 파라과이 출신 까미오네로를 대하는 태도가 다른 것일까? 우리도 그들을 더 오래 만나다보면 생각이 달라질까? '칠레 사람들은 인정머리 없고 돈만 밝힌다'라고 생각하게 될까?

우린 마침내 (또 한 번) 안데스를 오르기 시작했다. 지구의 남반구는 한국과는 반대로 겨울이었다. 그래서 안데스의 산길은 이미 어마어마한 눈의 지층으로 뒤덮여 있었다. 마치 안데스의 본질이 흙이 아니라 눈인 것처럼. 길은 계곡 밑으로 뚝 떨어지는 절벽을 아슬아슬하게 스치며, 가파른 경사를 따라 갈지자(之)로 기어올라갔다.

그리고 도착한 출국관리소. 우리는 여권 등을 챙겨 밖으로 나왔다. 얼음과 흙이 뒤섞여 질척거리는 땅에 발을 딛자마자 찬바람이 엄습했다. 마치 히말라야 베이스캠프 같은 건물로 뛰어 들어가자 어둑한 불빛 아래 우글우글 모여 있는 사람들이 한 가득이었다. 바닥에는 발자국들이 어지럽게 널려 있었고 무서운 생김새의 마약견 한 마리가 앉아 있었다. 언제나처럼 출국서류를 작성한 다음 파라과이 인의 까미온을 타고 출국하는 것을 허가하는 증명서를 받았다.

다시 끄리스띠안의 차를 타고 이번에는 아르헨티나 쪽 입국관리소에 내렸다. 이미 해는 다 저물었고, 어둠처럼 찾아온 찬바람이 내 몸을 꽉 움켜쥐고 뒤흔드는 듯했다. 창구를 지키는 사람은 한 젊은 남자였다. 지금쯤 도시의 밤거리를 또래들과 떠들썩하게 헤집고 다니는 모습이 어울릴 것 같은 사람이었다. 그런데 이 사람, 태도가 무례했다. 깔보는 태도와 명령조의 말투! 입국서류에 국적을 '한국'이라고만 썼더니 남한인지 북한인지 물어본다. 무시당하는 건 못 참는 옹졸한 자존심 때문에 나도 모르게 빽 소리를 질렀다.

"쑤르(sur 남쪽)!"

입국절차를 마치고 돌아오는 길에 그런 말투는 좋지 않다고 끄리스띠안이 충고했다. 공무원들의 심기를 건드려서 좋을 게 없다는 것이었다. 어쩌면 나 때문에 그 녀석의 기분이 상했고, 그 불똥이 끄리스띠안에게까지 튈 수 있었다고 생

각하니 많이 미안했다.

"커피 마실래?"

끄리스띠안은 차 밖에 달린 조그만 문을 열었다. 운전석과 짐칸 사이의 작은 빈 공간이었다. 그 안에는 우유와 인스턴트커피, 차, 컵, 주전자, 과자 등이 들어 있었다. 딱딱한 과자를 주섬주섬 집어먹으며, 주전자에 담긴 커피가 얼른 끓기를 기다렸다. 지금도 간신히 견디고 있는 이 가공할 추위를 조금이나마 달래주기를 바라며. 마침내 끄리스띠안이 주전자를 들어 컵에 따랐다. 양손에 컵을 쥐고 후루룩 마시며 언 몸을 녹였다. 끄리스띠안에게 까미온은 통째로 집이었다. 방금 우리가 본 '식량창고'뿐 아니라 가스도 차에서 끌어다 썼으며 가스레인지도 자체 내장되어 있었다.

차는 마침내 산길을 내려와 평지를 달리기 시작했다. 이미 세상에는 전조등이

밝히는 텅빈 도로, 어둠, 그리고 우리 세 사람 밖에 없었다.

"오늘 멘도사까지 가는 건 무리야."

이미 밤이 어두웠고 멘도사까지 가는 길이 꼬불꼬불해서 위험하다는 것이었다.

"무리해서 가더라도 너희를 이렇게 늦은 밤에 그것도 '위험한' 아르헨티나 도시에 내려줄 수는 없어."

우리 다섯 명은 발빠라이소에서 헤어져 부에노스아이레스에서 멀지 않은 로사리오에서 다시 만나기로 했다. 지원 형과 내가 한 팀, 나머지 세 사람이 다른 한 팀이 되어, 나흘 안에 로사리오에 도착하는 것이 목표였다. 서로가 그리워지면 멘도사에서 하룻밤 만나 술 한 잔 걸치자고 약속했다.

"로사리오까지는 갈 수 없지만 가까운 산따 페까지는 태워줄 수 있어. 어때? 내일 멘도사에서 내리지 말고 나랑 같이 갈래?"

끄리스띠안을 따라 산따 페까지 갈 것인가, 아니면 예정대로 멘도사에 내려 팀 사람들을 만나고 새로운 히치하이킹을 시도할 것인가. 산따 페까지 가는 길이 보장된다는 것만으로도 충분히 유혹적이었다. 이토록 든든하고 가슴 따뜻한 동행자와 목적지 근처까지 단번에 갈 수 있다니.

불확실한 미래는 늘 사람을 두렵게 한다. 우리를 태워줄 차를 만나는 건 쉬운 일이 아니다. 좋은 사람을 만나는 건 더욱 어렵다. 이제껏 우리는 좋은 사람들을 왕왕 만났고, 덕분에 무사히 여기까지 올 수 있었다. 하지만 앞으로도 그러리라고 확신할 수는 없었다.

하지만 우리 여행의 마지막 여정인 아르헨티나를, 이대로 스치듯 지나가버릴 수는 없다는 생각이 들었다. 우리는 페루와 볼리비아의 비포장도로를 따라 뒹굴

Argentina

GENDARMERIA NACIONAL
PARE
RANDON

며, 그 땅과 사람들을 온몸으로 경험했다. 칠레의 잘 닦인 도로 위에서도 따뜻한 마음씨들의 보살핌을 받았다. 그러나 만약 끄리스띠안의 제안을 따른다면, 우리는 파라과이 차 안에서 단숨에 아르헨티나를 가로질러 버리는 셈이 되었다. 아르헨티나의 길과 사람들을 경험하고 싶다. 이것이 끄리스띠안의 제안을 거절한 이유였다.

어쨌든 오늘은 멘도사의 문턱에서 끄리스띠안과 하룻밤을 보내야했다. 그는 휴게소 앞에 차를 세우고 우리를 위해 짐칸에 잠자리를 마련해주었다. 실내온도를 20도로 올리고 텅 빈 짐칸 안에 매트리스를 깔았다. 문은 아주 살짝 열어놓고 손잡이에 로프를 매달았다. 다른 쪽 끝은 짐칸 안에 밀어 넣은 배낭에 묶었다. 배낭의 무게를 이용해 강한 바람에 문이 홱 열리지 않도록 하기 위해서였다.

짐칸으로 들어가자 그 거대하고 텅 빈 공간에 압도당하는 기분이었다. 침낭을 꺼내고 잘 준비를 했다. 준비라고 해봤자 신발을 벗고 침낭 속으로 들어가는 것밖에 없었지만. 체 게바라는『모터사이클 다이어리』에서 이렇게 말했다.

“우리한테는 잠옷이 따로 없었다. 신발을 벗으면 그것이 잠옷이었다.”

일상의 안락함을 모두 던지고, 불편과 불결이 일상이 되어버린 방랑자의 모습이 나는 부러웠다. 그런데 언제부턴가 내가 동경했던 그 모습은 나의 모습이 되어 있었다.

그러나 잘 준비를 하는 사이, 짐칸은 도로 식어 있었다. 매트가 좁아서 나만 바닥으로 내려와 침낭을 깔고, 신발을 베개 삼았는데 이 추위는 도저히 내가 견딜 수 있는 종류의 것이 아니었다. 하얗게 새어나오는 입김이야 익숙했지만, 그럼에

도 내가 참을 수 있는 한계를 넘어서 있었다.

나는 아무 말 없이 매트로 기어 올라가, 지원 형의 겨드랑이에 코를 박았다. 체온이란 결코 무시할 게 못 된다. 금세 땀이 날 만큼 따뜻해졌다. 하지만 지원 형은 많이 추웠다고 했다.

여행을 하면서 얻은 것이 있다면, '억지로' 자는 법이었다. 이른 시간이라 잠이 오지 않아도 달리 잘 수밖에 없는 상황이 있다. 사방은 깜깜하고 쥐죽은 듯 조용한데다가 따로 재밌거나 의미 있는 일을 할 수 없는 상황들. 지금 상황도 마찬가지였다. 내가 짐칸 문을 열고 나간들 휴게소 불빛 아래서 무엇을 할 수 있겠는가. 아무리 춥고, 배가 고프고, 등이 배기고, 오줌이 마려워도 잤다. 억지로 자면서 이 모든 것에 대한 보상을 기대했다. 그 보상은 바로 어쨌든 아침은 온다는 것.

이날도 아침은 어김없이 왔다. 끄리스띠안이 짐칸 문을 열었을 때, 시계는 새벽 6시를 가리키고 있었다. 우리는 침낭과 배낭, 그리고 우리의 지친 몸을 챙겨 다시 좌석으로 돌아갔다. 멘도사까지는 금방이었다. 끄리스띠안은 우리를 진입로에 내려주었다.

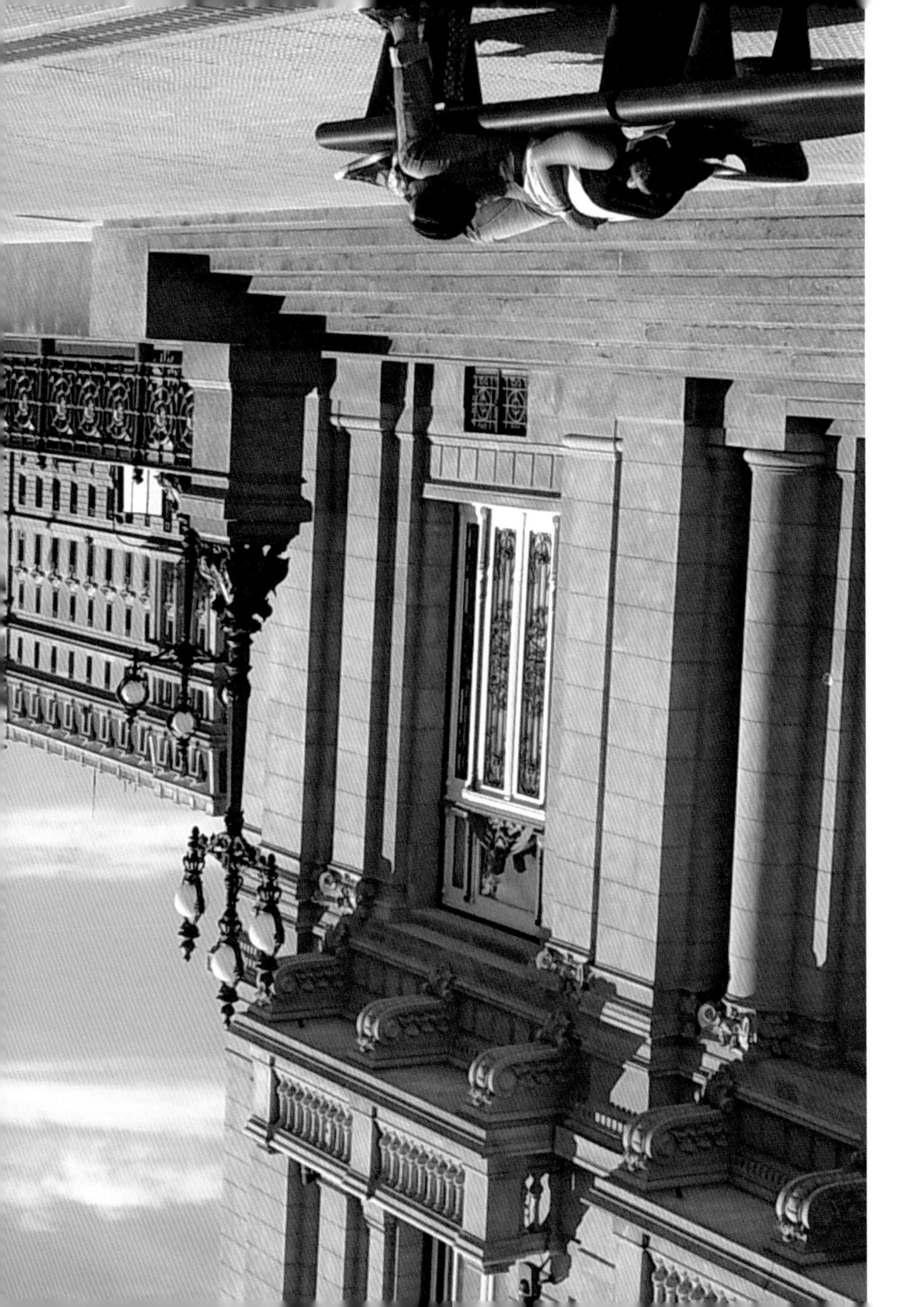

여행 45일째,
ARGENTINA

빰빠스를 가로질러

멘도사에서 걸어나오는 우리 앞에 아르헨티나 그 자체가 가로놓여 있었다. 안데스에서 대서양까지, 대륙의 허리를 가로지르는 여정. 칠레의 태평양을 만난 지 일주일 만에 우리는 벌써 대서양을 바라보고 있었다. 젊은 게바라가 모터사이클로 지나간 바 있는 7번 국도는 중부 대평원 빰빠스의 한복판을 따라 나 있었다.

부에노스아이레스를 만나기에 앞서 우리는 먼저 산따 페 주의 로사리오를 방문해야 했다. 그곳에는 '해방군'이라 불리는 아르헨티나 한인계의 유명인사가 살고 있었다. 형들은 라 빠스의 한 한식당에서 그에 대한 소문을 들었다. 여행을 좋아해 지구를 열 바퀴나 돌았으며, 체 게바라를 존경해 그의 생가가 있는 로사리오에 터전을 잡았다는 전설에 가까운 이야기.

"여행자라면 늘 따뜻이 맞이하는 분이니까, 아르헨티나에 가면 그 분을 한 번 찾아가 봐요."

식당 주인은 그의 전화번호를 주었다.

우리 다섯 명이 다시 만나기로 한 곳도 바로 이 '해방군' 아저씨 댁이었다.

그리고 오늘, 히치하이킹은 부진을 면치 못하고 있었다. 여러 번 목을 옮긴 끝에 우리가 정착한 곳은 휴게소가 딸린 주유소였다.

"우린 한국에서 온 여행잔데요, 산 루이스까지 가요! 태워주실래요?"

산 루이스는 빰빠스 한가운데 위치한 우리의 중간목적지였다.

오후 네 시가 다 돼서야 우리는 마침내 차를 잡을 수 있었다. 이 무뚝뚝해 보이는 아르헨티나인은 외모만큼이나 전혀 말이 많은 사람이 아니었다. 나 역시 까미오네로들과의 대화에 지쳐있던 차였다. 산 루이스 가는 길은 내내 조용했다.

밤이 내리고, 우리는 산 루이스를 지나서 있는 한 주유소에 내렸다. 시내로 들어가기보다는 아침까지 여기서 기다렸다가 로사리오 가는 차를 잡는 편이 더 낫다고 판단했기 때문이었다. 물론 그렇게 인적 없는 곳일 줄은 꿈에도 상상 못한 우리의 실수였다. 막상 내리고보니, 도로를 따라 앞뒤로 수십 킬로미터 이내에 숙소 따위는 없다는 말을 들었다.

하지만 후회하기에는 이미 늦었다. 게다가 여행에 '합리적인 결정'이란 것은 없었다. 내 의지와 이성적 판단은 여행자의 배낭에 들어있는 호화로운 구두만큼 쓸모없는 것이었다. 모든 것은 내가 만나는 사람들과 우연에 달려있다. 여행자는 그야말로 숙명론자가 되어야 한다. 그 모든 우연들이 얽히고설켜 만들어내는 하나의 완전한 여행을 믿어야 한다. 훗날 여행을 돌이켜보았을 때, 그 어떤 결정도 후회할 만한 게 없고, 그 어떤 우연이라도 의미가 있는 것이다.

우리는 얼마 남지 않은 돈으로 밥이나 배터지게 먹기로 결정했다. 어차피 숙박비 걱정은 없었기 때문이다. 무려 쇠고기 씩이나 얹은 스파게티로 배를 두둑이 채웠다. 그런데 이게 무슨 소리? 휴게소가 새벽 한 시면 문을 닫는다고요? 식당에서 밤을 새거나, 테이블 위에 엎어져 자는 것도 불가능하다는 말인가요? 그렇다! 이 휴게소 안에 너희들이 잘 곳은 없다. 화장실은요? 화장실은 가능하단다.

화장실에 가보니, 까미오네로들을 위한 샤워실이 있었다. 보일러가 타고 있어 실내 공기는 따뜻했다. 게다가 마침 긴 철제 의자도 두 개나 있었다. 이게 최선입니까? 확실해요?

침낭을 까는데, 아까부터 우리를 의심의 눈초리로 바라보던 경찰이 들어왔다. 여권을 요구하더니 우리의 신상을 캐기 시작했다. 그에게 잘 보이면 초소에서 재워줄지도 모른다는 생각에 가능한 한 호의적인 표정으로 상냥하게 대답했다. 그러나 그는 우리 신원만 확인하고는 여전히 의심의 눈길을 거두지 않으며 유유히 화장실을 떠나버렸다.

침낭을 깔고 들어가자마자 지원 형은 잠이 들었다. 내일 로사리오로 가는 차를 잡을 수 있다면 지금이 형과 단둘이 여행하는 마지막 밤이 될 것이었다. 나는 잠이 오지 않아 소연에게 빌린 책을 꺼내 한참동안 읽었다.

다음날 아침 일찍, 사람들이 들어오는 소리에 잠이 깼다. 잠결에도 누군가 들어오다가 흠칫 놀라는 기척을 느끼고는 했다. 우리에게 해코지를 할까 불안해 자는 동안에도 경계를 늦출 수 없었다. 하지만 입장 바꿔 생각해보면, 그들에게는 아마 우리가 더 무서웠을 것이다.

사람들이 들어오는 횟수가 잦아지기 시작했다. 또 하루를 준비하는 세상의 부

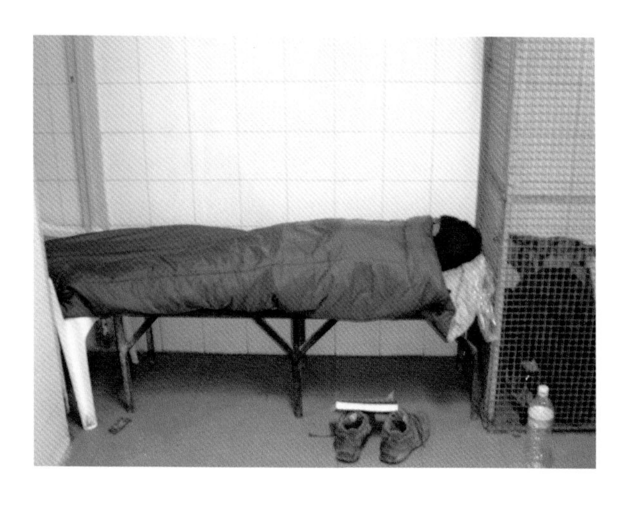

산스러운 움직임이 느껴졌다. 일어나보니 어느덧 밖은 희미하게 밝아 있었다. 우리는 침낭을 개고 짐을 챙겼다.

크루아상과 커피로 아침을 떼우고 밖으로 나왔다. 어제와는 달리 차는 금세 잡혔다. 칠레 까미온이었다.

우리는 처음에 로사리오 가는 길목에 있는 더 큰 도시의 이름을 불렀다.

"산따 페?"

나름 머리를 굴려 확률을 따져보았을 때, 로사리오보다는 산따 페 가는 차가 더 많으리라 생각했던 것이다. 그러나 우리의 예측은 보기 좋게 빗나갔다.

"미안해, 거긴 안 가."

실망해서 돌아서려는데,

"나는 로사리오로 가."

뭐라고?!

보기만 해도 든든한 칠레 까미온이었다. 느낌 탓만은 아니었다. 실제로도 아르헨티나 차보다 깨끗하고 신식이었다. 멘도사의 차들은 페루나 볼리비아만큼은 아니어도 대개는 많이 낡아있었다. 여기 사람들이 칠레만큼 잘 살지는 못한다는 느낌이었다. 이 칠레 까미오네로 역시 자기 차만큼이나 듬직한 사람이었다. 선글라스를 끼고 흔들림 없는 자세를 유지하며 운전하는 그의 모습은 '프로페셔널' 그 자체였다.

"부에노(bueno 좋다good)!"

그가 엄지손가락을 들어 올리며 이렇게 외치면, 그의 백만 불짜리 미소와 함께 정말로 모든 게 '노 쁘로블레마(no problema 문제없어)'일 것 같았다.

얼마 안가 그는 점심을 먹자며 휴게소에 차를 세웠다. 그러나 막상 식당에 들어가니 우리가 가진 돈으로는 도저히 사먹을 수 없는 메뉴들만 있었다. 가장 싼 메뉴도 일인분만 시켜야 남은 금액과 딱 맞아 떨어졌다. 가진 돈을 동전까지 삭삭 긁어 종업원 손 위에 얹어주었다.

"1페소가 모자란데?"

이게 무슨 소린가.

"아까는 17페소라며?"

그러나 그녀는 쌀쌀맞게 고개를 가로젓기만 했다.

어쩔 수 없이 우리는 식당을 뒤로 하고 매점에서 샌드위치를 사먹었다. 한입거

리도 안 되는 빵조각을 오물오물 씹으며, 로사리오에 가면 이렇게 가난하고 힘든 여행도 끝이라는 데서 위안을 얻었다.

우리 팀에게는 세 종류의 돈이 있었다. 다섯 명이 다 같이 쓰는 돈은 공금, 따로 간식을 사먹거나 개별적으로 관광지 입장에 쓰라고 지급한 돈은 개인 돈. 이 두 가지는 여행 전에 기업이나 학교에서 지원받은 돈이었다. 각자 아르바이트를 해서 벌거나 부모님께 받은 돈은 비상금이라고 했다. 부에노스아이레스에 도착하기 전까지 결코 쓰지 않기로 약속한 돈이었다. 우리의 목표인 '가난한 여행'을 위해서였다.

우리는 부에노스아이레스까지 남은 날짜를 계산하며 하루 예산을 정했다. 여행은 때로 예산을 초과하기도 하고 미달하기도 하면서 아슬아슬하게 이어져왔다. 특히 칠레에서부터 우리는 살인적인 물가와 마주해야 했다. 다행히 까미오네로들과 밤을 보내는 일이 많아지면서 숙박비를 많이 아낄 수 있었다. 그러나 아르헨티나를 횡단할 무렵에는, 공금도 개인 돈도 거의 바닥이 난 상태였다. 이날 샌드위치를 사먹으며 써버린 17페소는 우리가 가진 공금과 개인 돈을 합친 총액이었다. 다시말해 비상금을 제외하면 우리의 주머니에는 한 푼도 남아있지 않았다.

하지만 비상금은 돈이 아닌가? 이것이 바로 우리 '가난한 여행'의 허구이자 딜레마였다. 각자가 들고 있는 비상금은 어쩌면 주어진 공금보다 많을 수도 있었다. 말하자면 우리는 우리 자신을 속임으로써 가난해질 수 있었던 것이다.

이제 내 몸도 한계에 다다라 있었다. 목구멍 안쪽이 퉁퉁 부은 듯했다. 불길한 감각이었다. 차에 올라타자마자 널찍한 뒷좌석에 양말까지 벗고 몸을 누였다. 체

면을 차릴 힘도 남아 있지 않았다. 부서지기 일보직전의 몸이 삐거덕거리는 소리를 냈다. 그 소리를 자장가 삼아 잠 속으로 빠져들었다.

그렇게 내리 네 시간을 잤다. 깼을 때는 이미 로사리오였다.

길었던 우리의 히치하이킹 모험은 이렇게 끝이 났다. 로사리오와 부에노스아이레스는 지척이었으니, 사실상 이번이 마지막 모험이나 다름없었다.

그 전에 어느 한 풍경에 대해 언급해야 할 것 같다. 뒷좌석에서 뻗기 전까지 나는 조수석 창가에 기대 말로만 듣던 빰빠스를 보았다.

영화 〈모터싸이클 다이어리〉의 한 장면이 겹쳐졌다.

"어머니, 이제 제 처량한 인생과도 같은 부에노스아이레스를 떠나왔어요."

젊은 게바라로 분한 가엘 가르시아 베르날의 독백과 구스따보 산따올라야의 음악이 귀에 들리듯 생생했다. 끝없는 초원 위로 난 외로운 길과 그 길을 따라 달리는 한 대의 모터사이클이 눈앞에 어른거렸다. 두 사람이 카우보이와 시합하다 빠진 웅덩이가 저 웅덩인가? 그때 서 있던 하얀 울타리가 저 울타리인가?

그렇게 나는 젊은 게바라의 "처량한 인생과도 같았던" 부에노스아이레스로 향하고 있었다. 때때로 스치는 표지판들은 그 도시가 한 발짝씩 착실하게 가까워지고 있음을 알리는 명백한 증거였다.

그러나 일단 로사리오로 가자. 우리 여행의 마지막을 잠시만 미뤄두도록 하자. 아르헨티나의 한인들을 만나고, 끝으로만 치닫던 우리 여행에 쉼표를 두자. 그리고 그렇게, 끝을 준비하자.

여행 49일째,
ARGENTINA

어느 마녀의 미소

내가 지금 진짜로 떠나는 건가? 이 사람들을 정말로 다시 볼 수 없는 게 맞나?

이틀 만에 가족처럼 느껴진 '해방군' 아저씨네 가족과 이별했다. 마지막으로 날 안아주던 사모님의 품이 따뜻했다. 이렇게 진심으로 낯선 이를 대하기도 어려울 것이다.

아저씨는 승용차들이 많이 거쳐 간다는, 톨게이트 옆 주유소까지 우리를 데려다주었다.

"까미온들이 많이 서는 주유소도 있는데 거기가 낫나?"

역시, 우리가 오십여 일간 터득한 히치하이킹 노하우를 아저씨는 이미 꿰뚫고 계셨다. 히치하이킹의 대선배님다웠다.

"아뇨, 마지막에는 승용차를 시도해볼게요!"

때는 이미 붉은 하늘 아래 어둠이 깔릴 무렵이었다. 그럼에도 우리 마음은 한

없이 가볍기만 했다. 차는 싱거울 정도로 금방 잡혔다. 게다가,

"다 합쳐 다섯 명, 오케이?"

"오케이!"

해서, 다같이 한 차에 탈 수도 있게 되었다.

이제껏 여행하면서 이토록 우리 마음같이 차가 잡힌 것은 처음이었다. 마치 히치하이킹 모험의 성공적인 마무리를 축하하기라도 하듯. 그러나 이것이 우리에게 내려진 마지막 시련이었음을 깨닫는 데는 그리 오랜시간이 필요하지 않았다.

우리 이야기의 마지막 주인공은 샐리나. 그녀는 쉰 살이라는 적지 않은 나이에도 여전히 아름다운 외모와 사교계 인사 같은 몸짓, 그리고 유머감각까지 모든 것을 두루 갖춘 매력적인 여자였다. 어딘지 모르게 마녀다운 구석이 있는 것만 빼면.

남자 친구와 헤어진 기분을 달래보고자 카지노에 다녀오는 길이라고 했다. 가족은 수양딸과 손자뿐. 그리고 가족처럼 함께 사는 개 두 마리. 그녀는 동물 마니아였다. 한때 알코올 중독을 앓았으며, 지금도 카지노에서 술을 많이 마시고 오는 길인지 차선을 두 개씩 차지하며 달리고 있었다.

하긴 진짜 마녀면 어떻고 음주운전을 하고 있으면 어떠랴. 두 시간 후면 나는 부에노스아이레스에 있을 텐데. 옴짝달싹할 수 없는 비좁은 뒷좌석에 산만 한 배낭들과 함께 구겨져 있었지만 참을 수 있었다. 그런데 이게 갑자기 무슨 소리?

"내 집은 부에노스아이레스가 아니야, 근교지. 집에서 부에노스아이레스까지는 거리가 꽤 돼. 택시 타면 20만 원은 나올걸? 게다가 너무 늦은 시간이라 너희들을 집 앞에 덩그러니 내려줄 수도 없어. 그러니 오늘은 이만 우리 집에서 자고

다음 날 내가 직접 부에노스아이레스까지 데려다 줄게. 아참, 근데 내가 카지노에서 집 열쇠를 잃어버렸어, 음후후후후!"

나는 그녀를 믿을 수가 없었다. 그녀의 모든 것이 과장스러워 보였기 때문이다. 게다가 건강하지 못한 늙은 독신여자의 이미지도 어딘지 불길했다. 그런 여자의 집에서 밤을 보낸다니! 나의 불신을 눈치 챘는지 그녀는 내게 할 말이 있으면 해보라고 했다. 물론 나는 아무런 말도 할 수 없었다.

차에서 내릴 때 보니, 그녀의 한쪽 다리는 의족이었다.

그녀는 우리에게 스페인어 이름을 붙여주었다. 나는 뻬드로(Pedro)였다. 우리는 반대로 그녀에게 한국어 이름을 지어주었다.

미소.

어쨌든 그녀의 미소가 멋지다는 것만은 인정할 수밖에 없었다.

그녀가 사는 동네는 담장으로 빙 에워싸여 있었다. 경비원들이 입구에서 일일이 통행자를 확인했다. 안으로 들어가자 잘 가꿔진 푸른 잔디 위로 예쁜 주택들이 서 있었다.

샐리나가 열쇠를 잃어버린 탓에 우리 여섯 사람은 마치 도둑처럼 창문을 통해 기어들어가야 했다. 그녀의 집은 미술관을 방불케 할 만큼 곳곳이 그림 액자요 조각 작품이었다. 그림의 주제는 대개 혼자 있는 여자, 그리고 말. 그녀는 혼자 사는 여자였고, 12살에 낙마한 경험이 있었으나 여전히 말을 사랑했다.

집의 전체적인 분위기는 왠지 쓸쓸하고 냉랭했다. 우리는 마치 폐장한 미술관

에 몰래 숨어들어온 도둑이 된 것 같았다. 그림의 주제나 표현 방식도 어딘지 섬뜩한 데가 있었다. 정서적으로 안정되어 있는 사람은 아닐 것이라는 생각이 들었다.

그녀는 우리가 잘 방을 보여주고, 비스킷과 둘세 데 레체(dulce de leche 우유에 설탕을 넣고 끓여서 캐러멜 상태로 만든 음식)가 있는 부엌 찬장을 가리키며 내일 아침 일어나면 먹으라고 말한 뒤 자기 방으로 들어가 문을 닫았다.

다음날 아침, 우리는 집주인이 방에서 나오기만을 기다리며 무료하게 시간을 죽였다. 집안 구석구석을 탐색하기에는 충분한 시간이었다. 어차피 집밖으로 나갈 수도 없었다.

작은 뒤뜰에는 수영장이 하나 있었다. 물은 아주 썩을 데로 썩었고 각종 쓰레기들이 물밑에 가라앉아 있었다. 역시 이 집의 주인다운 방치였다. 그럼에도 충격적이었던 장면은 물밑에 가라 앉아있는 거대한 다리뼈였다. 지구상에 저만한 다리를 가진 동물 종이 몇이나 될까 싶을 정도로 크고 굵었다. 대체 저걸 왜? 하필이면 수영장 한가운데 던져 놓았을까? 미스터리였다. 혹시 집주인은 진짜 마녀가 아닐까? 해묵은 의심이 다시 피어올랐다.

어쨌든 우리는 너무 배가 고팠다. 어젯밤 샐리나가 알려준 대로 비스킷에 둘세 데 레체를 발라먹기 시작했다. 그러나 비스킷 몇 조각으로 배가 찰 리 없었다. 이미 점심시간도 지나 있었다. 집안을 샅샅이 뒤져보았지만 먹을 것이라고는 우리가 방금 막 끝장낸 비스킷뿐이었다. 이제 이 집에서 음식이라고 할 만한 것은 오직 하나뿐이었다. 나는 둘세 데 레체를 통째로 들고 퍼먹기 시작했다. 그러나 그

Argentina

마저도 금세 바닥을 드러내고 말았다.

마침내 집주인이 일어났다. 내 마음은 이미 부에노스아이레스에 가 있었다. 아니, 그곳이 어디든 이 집안만 아니면 다 좋았다. 감옥에 갇힌 듯 갑갑했고 배도 고팠다. 이상하게 자꾸만 어지럽고 메슥거렸다.

그녀는 지금 손자와 함께 살 집을 짓고 있다며 우리에게 보여주고 싶다고 했다. 더 이상 집 구경은 싫다고 어서 약속대로 부에노스아이레스에 우리를 데려다 달라고 소리치고 싶었으나 그럴 수 없었다.

두 번째로 도착한 집은 미술관이라기보다 동물원에 가까워 보였다. 염소와 오리, 그리고 정원으로 가꾼 넓은 뒤뜰이 있었다. 모든 것이 첫 번째 집과 반대였다. 손자가 자연을 가까이하며 자라길 바라는 샐리나의 마음이 느껴졌다. 따뜻하고 인간미가 느껴졌으며, 그녀의 표정도 아까보다 희망차고 밝아보였다. 아직 짓고 있는 이 집에 샐리나의 꿈이 담겨있다는 것을 알 수 있었다. 지금쯤이면 완공되었을 그 집에서 손자와 행복한 일상을 보내고 있는 샐리나의 모습을 마음속에 그려본다.

마침내 그녀는 우리를 부에노스아이레스까지 태워다 줄 택시를 불렀다. 자신이 직접 데려다 줄 수가 없다며 기사에게 요금을 쥐어주었다.

마녀(?)의 소굴에 붙잡힌 바람에 비록 도착은 늦어졌지만 여행은 마지막까지 흥미진진할 수 있었다. 두 시간 만에 주파했어야 할 길을 아주 조금 돌아 우리는 다시 부에노스아이레스로 향하는 길에 몸을 실었다.

체 게바라가 그랬던가. 여행이란 가상의 목적지와 실제 목적지를 일치시키는 일이라고.

샐리나의 집에 갇혀있는 동안 부에노스아이레스에 대한 열망은 계속 높아져만 갔다. 어쩌면 그건 이 여행의 끝을 보고 싶다, 이 여행을 그만 끝내고 싶다는 바람이었을지도 모른다.

그리고 마침내 도시의 상징과도 같은 저 오벨리스크가 우뚝 시야에 들어오는 순간, 실제의 부에노스아이레스는 느닷없이 나의 세계로 들어왔다.

여행의 '최종 목적지'로서 어쩌면 추상적 이름으로만 존재했던 그곳, 가상의 소실점과도 같았던 그 부에노스아이레스가, 지금, 여기 있다.

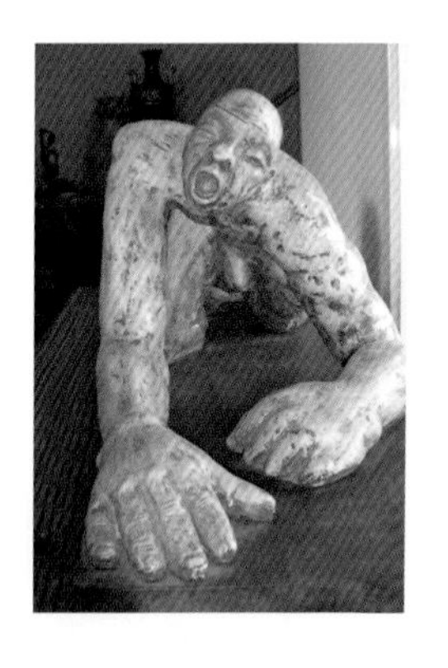

epilogue 에필로그

언젠가 맞닥뜨릴지도 모를, 또 다른 이구아수를 기다리며

여행은 분명, 그때 끝났다.

이 여행은 길 위에 쓰인 이야기다. 그러니 우리 여행의 마지막 장은 당연하게도 '부에노스아이레스 가는 길'인 것이다. 이미 목적지에 도착해버린 우리는 이제 떠날 데가 없었다. 떠날 곳이 없는 여행은 더 이상 여행이 아니었다.

그럼에도 두 달 여간 만들어진 관성은 쉽게 버려지지 않았다.

"떠나고 싶다."

어쩌면 여행은 지도 위에 점을 찍고 선을 긋는 작업일 뿐인지도 모른다. 그리고 그 선은 이곳, 부에노스아이레스라는 마침표에서 끝난 것이다.

이렇게 완결된 이야기는 아마 짧은 실패의 기록일 것이다. 엘도라도는 없었고, 나는 훌륭한 사람이 되지 못했다. 그래도,

우리가 공항으로 향할 때는 이미 노을 질 무렵이었다. 남미에서 보는 마지막 저녁하늘. 끝없이 단조로운 선을 그리는 것이 이 땅의 어떤 미덕이라도 되는 걸까. 낮게 깔린 구름도, 빰빠스 대초원도, 지평선을 향해 끝없이 멀어지기만 했다. 우리는 더 없이 평화로운 한때를 즐기고 있었다. 어쩌면 내 삶에서 다시는 맞이할 수 없는 극적인 순간일지 모르는.

나는 이제 조금은 홀가분해진 기분이었다. 나는 지구 위의 어디에도 있을 수 있는 사람이다.

Gracias a la vida
que me ha dado tanto,
이토록 많은 것을 내게 준
삶에 감사합니다.
Me ha dado la marcha de mis pies cansados,
삶은 내게 이 지친 두 발로 걸어야 할 길을 주었습니다.
Con ellos anduve ciudades y charcos,
나는 이 발로, 도시들과 물웅덩이,
Playas y desiertos, montañas y llanos,
해변들과 사막, 산과 들판들을 걸었습니다.
Y la casa tuya, tu calle y tu patio.
그리고 당신의 집과 거리, 당신의 안뜰을 걸었습니다.
(Mercedes Sosa의 'Gracias a la vida' 中)

2.

그리고 겨울은 장소만 옮기며 영속한다.

이 녀석이 두 달 만에 나를 따라잡았다. 기숙사 밖으로 나오면 이제 웬만한 천 조각으로는 이 쌀쌀한 공기를 견딜 수 없다. 슬슬 오리털이 필요한 계절. 남미에서 내 옷차림을 떠올려본다. 반팔 티셔츠와 내복, 꾸스꼬에서 산 알빠까 스웨터, 도톰한 블루종, 그리고 바람막이. '기능성' 바지 밑엔 잠옷으로 가져갔던 트레이닝복 바지와 때로는 타이즈까지.

그런데 이상하다. 내 뺨과 손끝에 와 닿았던 그 지독한 추위가 기억이 나질 않는다.

때때로 화정과 소연, 지원 형과 걸희 형이 내 삶을 스쳐 지나간다. 수업시간이 다 돼서 캠퍼스를 바삐 가로지를 때, 저 멀리 걸희 형이 걸어오고 있다.

"수업 들어가?"

"응, 너도?"

"수업 끝나면 뭐해?"

"도서관에서 과제해야지."

물론 나도, 오늘 어디선가 과제를 해야 한다.

화정은 학생회장으로 출마하겠다하고, 소연은 내년에 교환학생을 가려고 한다. 지원 형은 휴학하고 아르바이트를 하면서 영어 학원에 다니고 있다.

내 삶은 어떨까. 삶이란 끝없이 변화하는 거니까, 어떤 순간을 딱 집어 삶이 이렇다 또는 저렇다고 말할 수는 없겠지. 다만 남미에서 보낸 두 달의 시간을 지금의 내 삶에서 찾아보라면, 글쎄, 꽤 힘들다. 마치 두 달의 긴 잠을 자고 일어난 것처럼 삶은 리마 행 비행기 위에서 끊어졌다가 서울 오는 버스 안에서 다시 시작된 것만 같다.

내가 남미에 가긴 갔던 걸까. 가끔가다 마주치는 걸희 형과 형이 들고 다니는 (남미에선 여행 배낭이었던) 책가방을 통해서나 남미의 기억을 확인할 뿐이다. 우리의 대화에 굳이 남미가 등장하는 일은 거의 없다. 때론 두려워진다. 과연 우리가 남미에 있었던 건지, 그래서 넌지시 말을 꺼내본다.

"어떻게 이 가방에 그 많은 게 들어갔는지 몰라."

여행을 떠나기 전에는 의미 없이 흘러가는 삶을 단절시킬 결정적 '순간'을 남미에서 겪길 바랐고, 그 '순간'이 내 삶을 180도 뒤바꿔놓을 것이라 생각했다. 하지

만 한국에서나 남미에서나 삶은 계속될 뿐, 얻은 것도 잃은 것도 없다. 남미에서의 순간들은 흘러가버린 강물처럼 시간 저편에서 흐릿해지고 있을 뿐이다. 그리고 내 삶은, 여전히 계속된다.

체 게바라는 여행을 끝내고 일기에 이렇게 적었다.
"나는 더 이상 내가 아니다."
내 여행을 돌아보는 일기는 이렇게 적어야겠다.
"나는 여전히 나다."

그렇다. 나는 바뀌지 않았다.

가슴을 치는 풍경에 대한 마지막 기대를 안고 이구아수에 갔다. 그러나 폭포 앞에서 내 가슴을 친 것은 풍경이 아니었다. 내 가슴이 친 것은 '바닥'이었다. 바닥을 친 절망과 그리고 깨달음-이건 잃은 것일까, 얻은 것일까.

폭포는 강의 일부일 뿐 계속되는 것은 강이다. 다만 강물은 폭포의 기억을 지닌 채 바다로 간다. 어쩌면 폭포는 강물을 조금은 바꾸었을지도 모른다. 하지만 바뀌었다는 게 무슨 대수라고. 결국 흐르는 게 강물인 걸.

흐르자, 폭포의 기억을 지닌 채. 흐르다보면 이구아수보다 더 거대한 폭포를 만날 수도 있겠지. 어쩌면 남미에서 내가 만난 폭포는 그것의 발끝에도 미치지 못할 만큼 작은 것이었을지도 모른다. 그래, 그렇다면.

언젠가 맞닥뜨릴지도 모를 또 다른 이구아수를 기다리며 그렇게 흐르자.

사진 by 소연, 지원, 결희